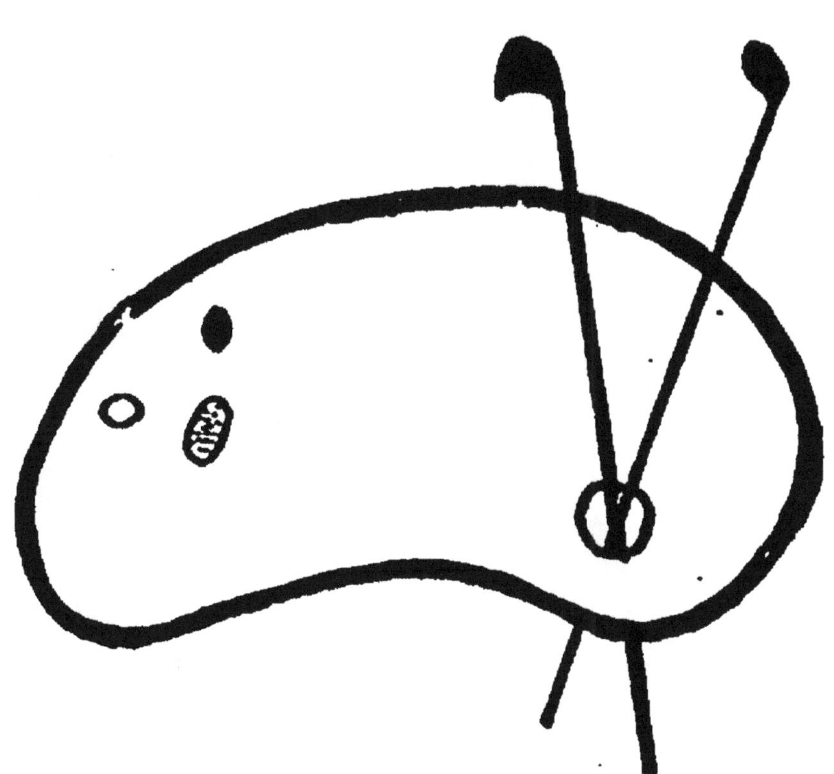

DEBUT D'UNE SERIE DE DOCUMENTS
EN COULEUR

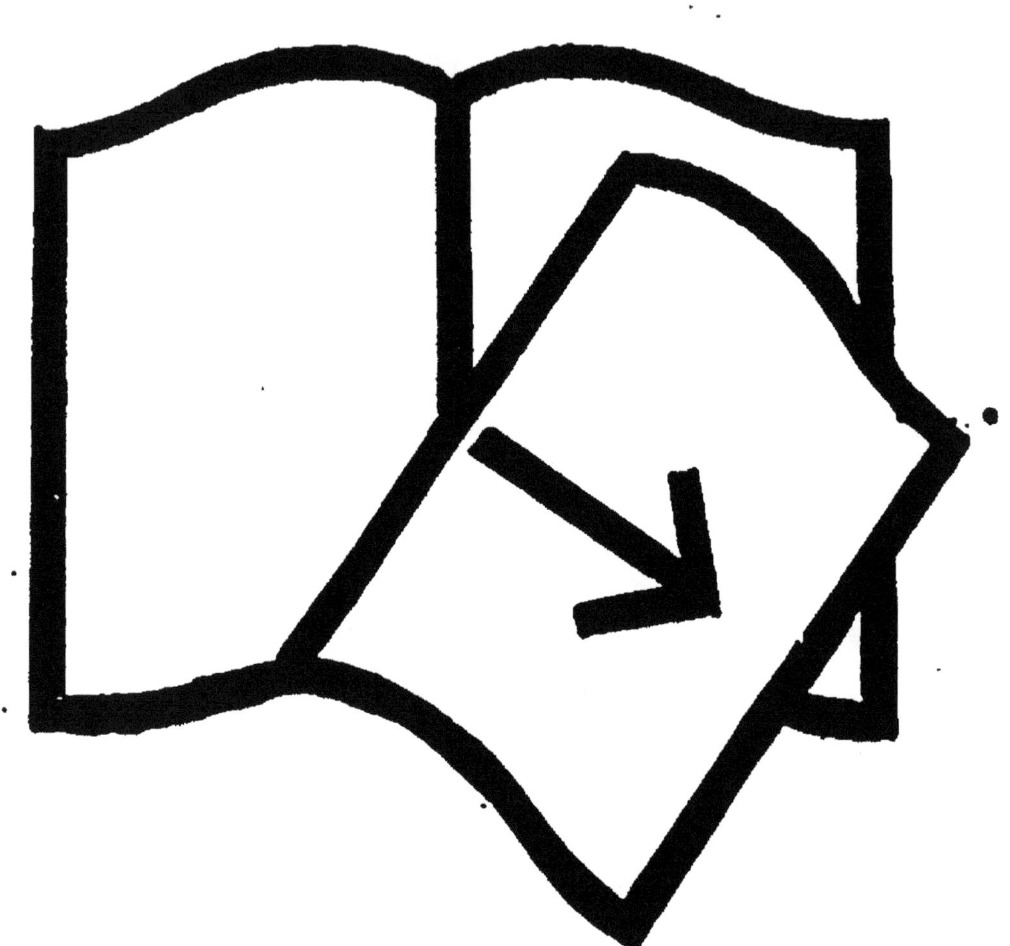

Couverture inférieure manquante

TROIS MOIS

CHEZ LES NÈGRES

SOUVENIRS D'UNE EXCURSION CHEZ LES NÈGRES

...

BAUGÉ

IMPRIMERIE DALOUX, RUE HAUTE-DU-CYGNE

M DCCC XCIII

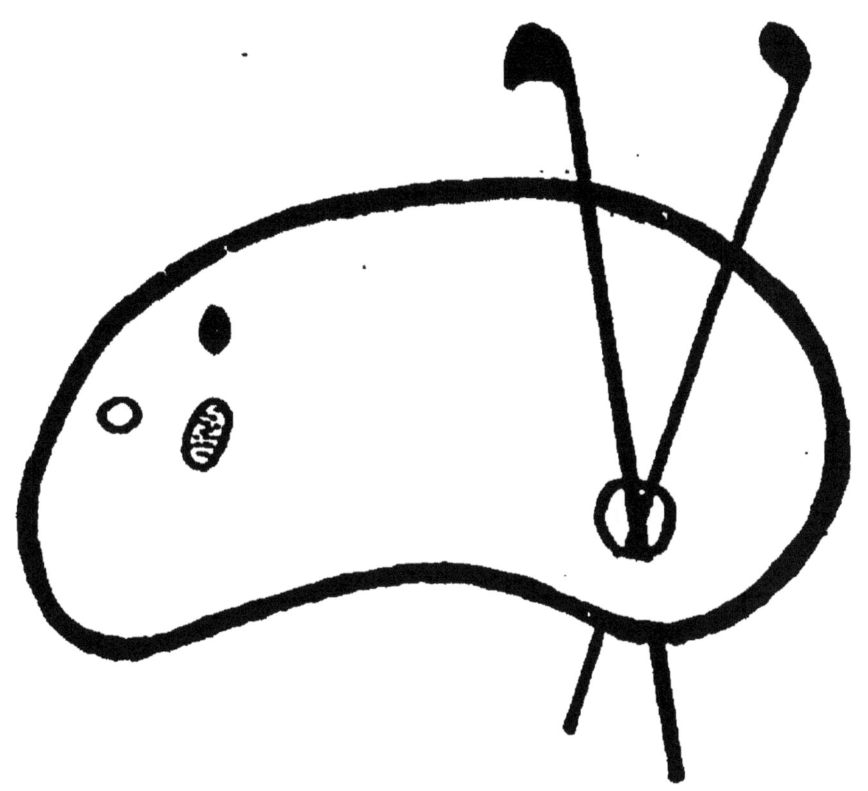

FIN D'UNE SÉRIE DE DOCUMENTS
EN COULEUR

TROIS MOIS CHEZ LES NÈGRES

████████████ Docteur TUVACHE

TROIS MOIS

CHEZ LES NÈGRES

SOUVENIR D'UNE EXCURSION CHEZ LES NÈGRES
DE L'AFRIQUE TROPICALE

████████████ BAUGÉ

IMPRIMERIE DALOUX, RUE HAUTE-DU-CYGNE

—

M DCCC XCIII

A MES AMIS

C'est à vous, mes amis, que j'offre ce travail : travail bien mince, à la vérité, car ce ne sont que des notes prises en courant, mais qui ont au moins le mérite d'être vraies, car tout ce que je rapporte je l'ai vu.

Je n'avance rien dont je ne sois parfaitement sûr, et quand je n'ai pu contrôler, j'avertis le lecteur.

C'est là, le seul mérite de cette coordination de mes notes de voyage, et la seule recommandation que je porte avec moi-même, pour être bien accueilli de vous.

En deux mots, voici ce dont il s'agit : je partis en qualité de médecin accompagner deux officiers, qui devaient remonter le cours d'un fleuve.

Tout alla bien d'abord, mais, plus tard, ayant été immobilisés quelque-temps dans un village, par suite de circonstances indépendantes de notre volonté, nous avons trouvé devant nous, toutes les tribus noires de la forêt, en ébullition. Force nous fut donc de revenir en arrière...

Faites à ce travail l'honneur de le lire avec quelque intérêt, si possible, et soyez indulgent pour son auteur. Vous avez maintes fois, semblé prendre plaisir à m'interroger, et à me faire raconter les épisodes de ma vie au sein des forêts vierges ; c'est ce qui m'a engagé à sortir mes observations du tiroir que peut-être, elles n'auraient jamais dû quitter.

Si j'ai pu vous intéresser quelque peu, j'en serai très heureux ; mais, si je n'ai réussi qu'à vous faire perdre du temps, je vous en fais d'avance mes excuses, et n'en continuerai pas moins à être

Votre très humble et très affectionné serviteur,

D' L... TUVACHE

TROIS MOIS CHEZ LES NÈGRES

I

Départ. — Sainte-Croix-de-Ténériffe. — Dakar. — Konacry.

Ce fut le 8 janvier 1891, qu'à 5 heures du soir, je quittai Paris à destination d'un village voisin de Vendôme, où j'allais prendre congé d'une partie de ma famille. Quelques jours plus tôt, j'étais arrivé du Mans où j'avais dit adieu à mes parents.

Je ne fis qu'apparaître près de Vendôme, et le lendemain à midi, je remontais en wagon pour Tours. Là, je trouvai un de mes compagnons de voyage, le vicomte Armand et l'un de ses amis, attendant comme moi le train qui devait nous conduire à Bordeaux.

Je partais comme médecin attaché à la personne de deux officiers, les lieutenants A. Armand et A. de Tavernost, qui se rendaient à la Côte-d'Or, à l'effet de remonter le cours d'un fleuve et d'en établir la carte géographique.

Il faisait un froid glacial ; déjà, l'hiver terrible qui pesa sur la France se faisait sentir, l'air était triste, le temps gris comme s'il avait voulu se mettre en harmonie avec mes secrètes pensées. L'idée de quitter ainsi brusquement la France, la famille, les amis, et d'aller dans un pays lointain, inconnu, pour y mourir peut-être, loin des siens, isolé, sans consolation, sans une larme de ceux qui vous aiment et qu'on aime, sans l'étreinte d'un ami, me faisait voir les choses sous un jour que je n'avais jamais entrevu qu'en passant.

Je ne pouvais empêcher mon esprit de considérer l'avenir sous de sombres couleurs, j'étais triste : je n'en laissai rien voir cependant...

J'imagine d'ailleurs que, si je partais pour un nouveau voyage aussi lointain, je serais dans un autre état d'esprit. On n'éprouve bien les mêmes sentiments qu'une fois, et là, où on a déjà passé on peut passer encore. Sans doute, si je partais de nouveau, les adieux à la famille, la poignée de main de l'ami qui me reconduirait à la gare, retentiraient en mon âme aussi profondément que la première fois ; sans doute, aussi, quand le steamer s'éloignant, ne permettrait plus bientôt de voir à l'horizon qu'un nuage sur lequel on fixe les yeux avec ténacité, parce qu'on sait que c'est la côte de France qui disparaît, je sentirais mon cœur battre comme il a battu, j'aurais quelque peine à retenir une larme ; mais, les jours à venir ne m'apparaîtraient pas aussi noirs, et confiant en la Providence, je continuerais ma route.....

Nous étions tous les trois enfermés dans ces caisses posées sur quatre roues, et qu'on appelle des wagons, tantôt devisant avec gaieté, tantôt nous entretenant des évènements futurs. La nuit arrivait vite, et bientôt nous fûmes au buffet d'Angoulême, qui m'a laissé d'ailleurs un excellent souvenir. Vers 10 h. nous arrivions à Bordeaux : quelques instants plus tard, je dormais profondément.

La première pensée qui me vint à mon réveil, fut que dans quelques heures j'allais m'embarquer !!! mes deux compagnons de voyage et moi, nous courûmes par la ville, faire quelques acquisitions oubliées. A l'heure dite nous étions tous trois au poste, et après avoir surveillé l'embarquement des nombreux bagages qui nous suivaient, nous prenions place ensemble sur un petit bateau à vapeur, qui devait nous conduire à Pauillac, où nous attendait la *Ville de Maceio.*

Je ne crois pas, avoir jamais été aussi mal à l'aise, que sur le petit vapeur dont je viens de parler. C'était plutôt, une sorte de chaland à vapeur, fait pour porter des marchandises ou des bagages : quant aux voyageurs, on eut dit qu'ils étaient admis par charité et en surchage.

L'intérieur de ce bateau était rempli de légumes ; il ne possédait comme logement qu'une petite chambre fort étroite et triangulaire, dans laquelle, on avait dressé une table pour cinq ou six personnes. Un poële contribuait à rendre étouffante l'atmosphère de cet appartement si exigu. Le séjour sur le pont était tout aussi impossible : une pluie fine et glacée ne cessait de tomber ; le froid était intense. Ce fut néanmoins sur le pont que je décidai de m'installer, et pendant presque la traversée entière, je restai assis sur une malle, protégé contre le vent et la pluie par d'autres bagages et une bâche.

Après trois heures d'un voyage aussi agréable, la *Ville de Maceio* nous apparut.

Ce vapeur faisait partie de la flotte des Chargeurs Réunis, et n'attendait plus que ses derniers voyageurs et ses vivres pour partir. Aussitôt à bord, nous prîmes possession de nos cabines, puis je remontai sur le pont pour jeter un coup d'œil autour de moi. Il pouvait être 4 h. du soir. Le jour baissait ; l'aspect triste d'un ciel pluvieux et gris, était en harmonie avec l'idée du départ : quoique partant de mon plein gré, je pensais aux personnes et aux choses que je quittais ! Une sensation que je ne saurais décrire, une sorte de frisson parcourut tout mon être, lorsqu'un long sillage à l'arrière du navire m'indiqua que nous étions en route. Mon esprit se reporta chez moi, où je voyais ma mère et mes sœurs implorant la protection divine, pour l'heureuse issue de mon voyage, et mes regards erraient dans les nuages, comme si j'eusse espéré y rencontrer leurs regards !

Le calme commençait à renaître sur le bateau ; les bagages et tous les légumes qui encombraient notre petit vapeur, étaient empilés dans leurs compartiments respectifs : les matelots remis du feu de l'embarquement, regagnaient leurs postes. Déjà, on ne voyait plus dans le lointain, que la fumée du petit vapeur qui retournait à Bordeaux, avec l'ami de M. Armand, qui nous avait fait la conduite jusque-là. Nous deux, seulement, M. Armand et moi, avions pris place sur le paquebot, devant retrouver à Dakar, M. de Tavernost, qui nous avait précédé par un navire des Messageries Maritimes, afin d'avoir le temps de recruter une escorte toute prête pour notre arrivée. Je contemplais le tableau environnant, lorsque je fus distrait par le son de la cloche du dîner, vers lequel je me dirigeai bien décidé à lui faire honneur.

Le dîner fut peu animé ; la soirée se passa vite, et bientôt la nuit vint par son calme, faire un contraste frappant avec la bruyante animation du départ.

Quel magnifique et imposant spectacle, que la mer sans bornes, le ciel sans limites ! quel homme, s'il n'est insensé, n'a pas alors le juste sentiment du peu de place qu'il occupe dans le monde, fut-il roi ou empereur, quand il considère qu'il est à la merci des flots, contre lesquels ne peuvent rien ni la science ni le courage des marins ; quand il pense que quelques misérables planches les séparent d'un abîme !!

Entre le ciel et l'eau, quelques mètres carrés doivent suffire, alors que souvent sur la terre, l'activité humaine, ne trouve pas d'espace assez grand pour la satisfaire.

Après m'être rassasié de ce spectacle durant le jour, je remontais sur le pont, pendant la nuit, contempler au milieu du silence la voûte céleste semée d'étoiles. C'était toujours la même chose, et c'était toujours beau....

Ah ! pourquoi faut-il qu'un destin cruel, m'ait condamné à vivre sur cette terre monotone et sans agrément ? J'ai la consolation d'exercer une profession honorable sans doute, et qui avec celles du prêtre et du soldat, compte parmi les plus belles ; mais, pourquoi, dois-je être toujours éloigné de cette mer que j'adore, de ces courses à travers le monde, qui seraient mon bonheur ? Ce sera le chagrin de toute ma vie !!!

Combien peu d'hommes ici-bas, obtiennent ce qu'ils désirent, et comme ils sont nombreux, ceux qui n'ayant pas ce qu'ils aiment, doivent aimer ce qu'ils ont !...... Mais, après tout pourquoi tant d'autres choses, et surtout pourquoi me désoler ? La résignation est une vertu.

Le 16 janvier au matin, nous arrivons à Ténériffe : vers 7 h. nous apercevons la pointe de la grande île qui a pour capitale Santa-Cruz : plus loin vers la gauche, se trouve la Grande Canarie où nous passerons en revenant. Le bateau s'engage dans le canal formé par ces deux îles, en longeant Ténériffe dont le pic, couvert de neige apparaît à travers la brume. Pendant deux heures nous côtoyons des montagnes et des rochers : à mi-côte, quelques rares maisons isolées ; dans quelques vallées, on voit çà et là de petites agglomérations d'habitations blanches.

Enfin, la ville apparaît dans une échancrure en forme de croissant aux cornes inégales, surmonté à gauche et un peu en arrière par le pic et quelques autres sommets. A peine débarqués à Santa-Cruz, nous sommes assaillis par des gamins malpropres, en haillons, pieds nus, s'offrant pour nous conduire à travers la ville ; nous refusons leurs offres. — Les rues, à 'part quelques-unes, sont généralement assez propres ; certaines d'entre elles sont pavées de galets formant des dessins : Leur inconvénient principal est qu'il faut toujours monter ou descendre.

Les maisons pour la plupart, sont petites, et ne comportent souvent qu'un rez-de-chaussée : il en existe cependant à un et deux étages, ornées de gracieux balcons. Les magasins sont en tout semblables aux nôtres sauf qu'ils sont ouverts au grand air, comme toutes les maisons du reste, ce qui permet de voir, qu'au milieu de celles-ci existe soit une serre, soit un bassin avec jet d'eau et peintures murales, figurant un paysage lointain.

Santa-Cruz a deux églises : je remarque dans l'une d'elles, une chaire en marbres de couleurs variées incrustés les uns dans les autres ; je suis frappé aussi de la richesse et de la quantité des ornements en métal qui décorent l'autel.

Nous déjeunons dans un restaurant anglais, puis, nous regagnons le *Maceio* : jusqu'au lendemain nous avons grosse mer, à laquelle succède le calme jusqu'à Dakar, où nous arrivons le 20 au matin.

M. de Tavernost, qui comme je l'ai dit, était arrivé quelques jours avant nous, pour recruter des hommes, vient aussitôt nous trouver. Nous descendons à terre avec lui, et trouvons au cercle plusieurs officiers et un médecin de marine, le Docteur le Marc-Hadour, que j'avais connu étudiant à Paris, et qui s'embarqua avec nous le lendemain pour le Dahomey. Dans la journée, nous parcourons la ville et faisons visite à la caserne des spahis, partis en colonne, quelques jours plus tôt.

Dakar, est une ville sauvage, en train de prendre une physionomie européenne. De larges rues plantées d'arbres, lui donnent une assez grande étendue. Presque pas de huttes ; mais de petites maisons blanches, couvertes en tuiles, construites à la française et rappelant nos villages. Sur le port, deux hôtels, dont l'un est assez important : au milieu de ses bâtiments, circonscrivant un carré long, existe une cour intérieure dominée par un balcon qui en fait le tour.

Presque chaque maison a son jardin, entouré d'une clôture composée de planchettes élevées bout à bout, et paraissant être des douelles de tonneau. L'effet en est singulier : enfin, çà et là, quelques maisons construites en bois et élevées sur pilotis de briques.

Le monument le plus important de la ville, est sans contredit le quartier de cavalerie situé à l'extrémité de la ville. On remarque encore plus au centre, la préfecture, et une place plantée d'arbres, la place du marché sans doute : de nombreuses négresses étaient là assises à terre, épluchant des pois qu'elles jetaient dans d'énormes calebasses.

La population indigène est noire, et un certain nombre de ces nègres parlent le français d'une façon intelligible. C'est ainsi que parmi les hommes qu'avait engagés le lieutenant de Tavernost s'en trouvait un qui s'exprimait en notre langue d'une façon vraiment étonnante. Leurs costumes sont bizarres ; ils se composent d'une espèce de grande robe, paraissant formée d'une seule pièce, agrémentée d'une sorte de pélerine, leur couvrant les épaules. Le cou n'est qu'incomplètement entouré par devant, l'encolure du vêtement étant très large. La couleur bleue m'a paru dominer : cependant, on voit des individus portant des vêtements de formes diverses composés d'étoffes à couleurs voyantes plus ou moins bizarrement agencées, et rappelant les étoffes qui nous servent à faire des rideaux d'été (vieille mode) dans nos maisons de campagne, ou à recouvrir des couvre-pieds chez nos paysans. D'autres, ont un burnou blanc ordinairement sale ; d'autres sont habillés à la française ; d'autres enfin sont en haillons. Beaucoup, hommes et femmes, portent simplement une ceinture et un pagne, qui ne leur descend guère au dessous du genou. Presque tous ils marchent pieds nus.

Ceux qui ne portent pas de coiffure, sont l'exception : ce sont surtout les enfants. Les autres, ont sur la tête, soit un chapeau de paille européen, soit des pièces d'étoffe de couleurs voyantes qu'ils enroulent et disposent comme un turban, surtout lorsqu'ils doivent porter des fardeaux. Beaucoup, n'ont comme coiffure que leurs burnous, qu'ils font remonter assez haut pour qu'il passe sur la tête.

Les hommes ne semblent pas faire grand chose : ce sont les femmes qui travaillent. Indépendamment des soins à donner aux enfants, lesquels presque toujours nus, sont portés sur le dos de leur mère dans un pli de leur manteau, comme dans une hotte, les femmes ont des occupations très variées, telles que de trier des pierres, s'il s'agit de construire une maison, ou de porter sur leur tête avec un équilibre parfait, d'énormes calebasses contenant des denrées.

Nous déjeûnons gaîment à Dakar, on nous servit entre autre chose du poisson grillé sur du riz au Karry : cette cuisine me fut fort agréable. Le reste de la journée se passa en ville, puis, nous regagnons le *Maceio*, où nous avait précédé une trentaine de négresses, plus laides les unes que les autres femmes de tirailleurs Sénégalais, partant pour le Dahomey avec leurs enfants : nous emmenions aussi six indigènes, Benjamin Thomas, Moussa-Koïla, Karamo-Soco, Ahmadou-Dio, Mahmadou-Siré et Mahmadou-Samba, pour nous servir d'escorte.

Le vendredi 23 janvier, nous arrêtons en vue de Konacry. Non loin de nous, nous apercevons une île peu étendue : quelques maisons apparaissent au milieu de sa riche végétation. Nous descendons dans le canot à vapeur du bord : l'île est entourée de rochers noirâtres, poreux, formant en un point une sorte de petit port, où l'on aborde.

Avec le docteur du bord et le commissaire, je rends visite au médecin colonial habitant Konacry : il nous fait servir de la bière, puis nous accompagne chez un commerçant français où nous retrouvons le commandant.

C'était la première fois que je me trouvais au milieu de la végétation africaine : tout était nouveau pour moi, et tout se disputait mon attention. Les palmiers, les cocotiers, attiraient mes regards : mais ce que je remarquai le plus, ce fut un arbre énorme, le fromager, qui croissait non loin du lieu où nous nous rafraîchissions.

Cet arbre, très répandu, a l'aspect général des arbres de nos pays, et arrive à une taille extraordinaire. Le tronc, est comme constitué par des cloisons triangulaires disposées autour d'un axe vertical, sous des angles divers, et se confondant parfois les unes avec les autres. On peut les comparer exactement à des triangles rectangles dont l'hypothénuse est libre, tandis que des deux côtés de l'angle droit, l'un est sur le sol, et l'autre adjacent au tronc. Ces sortes de cloisons paraissent correspondre à autant de racines, et limitent entre elles, comme des stalles dont parfois se servent les noirs comme d'un abri pour faire du feu. Le fromager, croît paraît-il, très vite et arrive à une très grande hauteur : ses branches, qui s'étendent au loin dans toutes les directions, se terminent au mois de janvier, par des groupes de fleurs blanches, rappelant les boutons de fleur d'oranger. Mais, ces arbres si beaux, ne sont d'aucune utilité, leur bois ne présentant pas de résistance.

A côté des fromagers et dans le même genre, sont les manguiers, remarquables par la couleur si sombre de leur feuillage. Ils donnent un fruit superbe, sorte de grosse pomme orangée et rouge ; mais, l'aspect extérieur, est à mon sens, la seule qualité de ce fruit, qui sent la térébenthine et dont la chair est filandreuse. Quand on mange une mangue, on a exactement la sensation de mordre dans un écheveau de chanvre trempé dans l'essence de térébenthine.

Partout croissent des bananiers, des ricins élevés, et des papayers, dont le fruit vert oblong rappelle le melon avec cette différence qu'il murit sur un arbre.

Le jour même nous quittons Konacry pour Grand-Bassam. Depuis longtemps, nous longions la côte, et du pont du *Maceio*, nous avions un spectacle toujours uniforme. C'est toujours une bande de sable, peu étendue, sur laquelle viennent mourir les vagues ; à quelques mètres plus en arrière, la forêt, épaisse ; de temps à autre quelques huttes, ou des cocotiers agglomérés annonçant un village.

II

Arrivée. — Grand-Bassam. — La Barre.
Départ pour Grand-Lahou. — Lagune de Grand-Bassam.
Notre réception chez Abi, roi de Toucoussou.

Enfin le 28 janvier au soir, le *Maceio* jette l'ancre devant
Grand-Bassam ; mais, il se faisait tard et le débarquement est
remis au lendemain. De la côte, nous voyons s'approcher des
baleinières qui bientôt nous accostent : c'est le résident de
France, M. Desaille, qui vient conférer avec le gouverneur le
docteur Ballay, et ces deux hauts fonctionnaires honorent de
leur présence le dernier repas que nous faisons sur le paquebot.

Le lendemain, il fallut nous préoccuper du débarquement de
tous nos bagages : ce qui m'épouvantait par dessus tout, c'était
le passage de la barre. On en avait tant parlé dans le cours du
voyage, on avait raconté si souvent les naufrages que cette
barre avait causés, que malgré tout ce qu'on pouvait dire pour
me rassurer au dernier moment, j'aspirais à être sur le sable.

Nous prîmes congé des officiers du bord et des passagers,
pour descendre dans la baleinière du résident qui nous offrait
l'hospitalité.

Le passage de la barre, se fit sans aucune difficulté ; mais il est évident, que pour un Européen qui n'a pas la moindre idée de ce mode de débarquement, la chose étonne ; et je ne fus pas peu surpris, lorsqu'au moment où le bateau allait atterrir, je me sentis enlevé prestement par un noir dans l'eau jusqu'à la ceinture, qui me déposa précieusement sur le sable.

Sur cette partie de la côte de l'Afrique occidentale, la mer devient rapidement très profonde, ce qui, par parenthèse, permet aux steamers de mouiller très près, mais aussi amène un résultat redoutable. Je veux parler du phénomène de la barre !

On appelle ainsi une succession de plusieurs rouleaux qui rendent l'arrivée difficile. Ces rouleaux sont, m'a-t-il semblé, le plus souvent au nombre de trois, et viennent briser sur la plage avec plus ou moins d'impétuosité ; puis, survient une accalmie passagère que les marins choisissent pour arriver ou partir.

La barre est bonne ou mauvaise.

Quand elle est bonne, les rouleaux sont faibles et éloignés les uns des autres ; si elle est mauvaise, bien que la mer soit calme, on a de gros rouleaux très rapprochés, fort élevés et brisant avec violence. On conçoit que dans ces conditions il soit difficile de passer.

Comme complément au tableau, en certains endroits, à Kotonou par exemple, la barre est très fréquentée par les requins, et si, là où n'existent pas ces animaux, on peut grâce aux accidents déplorer tous les ans la mort de plusieurs blancs, sans compter les noirs, à Kotonou on a l'occasion de constater des ravages autrement sérieux, causés par ces redoutables ennemis. Il est assez rare néanmoins, qu'un blanc y trouve la mort, car, m'a-t-on dit, les Krouman, conscients du danger que courent ceux qu'ils ont mission de transporter à terre, se mettent à plusieurs, si la baleinière chavire, pour soutenir sur l'eau leur voyageur de façon qu'il soit hors de l'atteinte des requins, qui se rabattent sur les noirs, dont plusieurs périssent à chaque fois.

Tels sont, du moins les renseignements qu'on m'a donnés, sans que je me sois trouvé à même de les vérifier.

Lorsqu'ils transportent un blanc dans leur baleinière, les rameurs, les pagayeurs, comme on les nomme dans le pays, sont plus attentifs, que s'ils sont seuls; mais, même lorsqu'il n'y a que des noirs, le patron doit être de la plus grande prudence, car la barre est trompeuse, et il n'est pas sans exemple qu'une barre très praticable n'ait renversé avec mort d'homme, une baleinière conduite par un patron distrait, ou plutôt confiant dans le calme des flots.

J'ai parlé tout à l'heure des Krouman : ce sont ces habitants de Krou, qu'on recherche spécialement pour le passage de la barre. On les prend par équipes de treize hommes, douze pagayeurs et un patron, qui tient l'aviron de queue et dirige l'embarcation. Ce sont des hommes jeunes, bien taillés, ce qu'on appelle de « bons garçons » aimant la plaisanterie, mais ivrognes et souvent paresseux.

On passe la barre, soit en baleinière, soit en pirogue, auquel cas l'équipe n'est que de quatre ou cinq hommes. Je préfère, quant à moi, cette dernière embarcation : la pirogue est en effet plus maniable; on en peut plus facilement sauter dehors; elle aborde beaucoup mieux sur le sable. Enfin, dans un naufrage, si la pirogue vous touche, on a quelque chance d'en être quitte pour un coup, tandis qu'une baleinière vous assomme sûrement. Le seul inconvénient, est qu'on est plus facilement mouillé.

Quand une baleinière se dirige vers la terre, au moment où elle commence à s'engager dans la zone dangereuse de la barre, tout s'arrête. Le patron regarde avec attention un noir debout sur la plage, qui, lui, consulte la mer; à un signe particulier de celui-ci, le patron commande, et aussitôt tous les pagayeurs rament rapidement et s'efforcent de lancer l'embarcation avec une grande vitesse, pour que les rouleaux qui courent après elle, ne puissent l'atteindre.

Tout autre est la manœuvre quand on quitte la plage, pour gagner le large, la baleinière glissée sur le sable a été approchée de la mer, dont les vagues viennent mourir autour d'elle. Le patron debout à l'arrière, n'a qu'à prendre en main son aviron de queue passé dans un anneau de corde ; de chaque côté du bateau, six pagayeurs debout, les pieds dans l'eau, les mains sur les bords de l'embarcation, n'attendent qu'un mot de leur chef pour obéir rapidement. Le patron regarde au loin la mer, comme s'il lisait sur les flots, quand va venir le moment propice.

L'accalmie s'est produite : un cri se fait entendre, et aussitôt la baleinière s'ébranle poussée par des bras vigoureux ; elle avance rapidement. les hommes sont dans l'eau jusqu'à la ceinture, et tous ensemble, se suspendant au bateau par la force des poignets, y grimpent avec agilité, et saisissant leurs pagayes, ils se mettent à ramer avec une véritable fureur, pour ne pas se laisser prendre par les rouleaux qui arrivent.

S'ils ont mal calculé leur coup, si, un rouleau vient à briser au moment où passe le bateau, celui-ci se renverse aussitôt, tuant dans sa culbute, les Krouman qui n'ont pas assez rapidement sauté dans la mer. Mais, s'ils ont pagayé assez vite, la baleinière est seulement soulevée par les lames, faisant souvent des oscillations inquiétantes, mais auxquelles remédie un patron habile avec son aviron de queue.

Une fois la barre passée, on est sauvé ! Ici, l'aspect est tout autre ; autant les Krouman pagayaient vite tout à l'heure, autant ils vont peu se presser. De temps en temps, pendant

une vue à Grand-Bassam : vue
prise de la Résidence. fils

quelques minutes, on marche bien, puis, tout s'arrête, et les rameurs souvent se reposent sans être fatigués.

Soit gaieté naturelle, soit satisfaction d'avoir évité un danger, l'un d'eux entonne une chanson, et pendant une demi-heure et plus, on va entendre perpétuellement les mêmes paroles. Le rhythme varie : tantôt un pagayeur chante quelques paroles, la valeur de deux vers au plus, tandis qu'un autre, lui fait un accompagnement, en partie et très juste, puis tous ensemble poussent un cri, une seule note. Alors, un autre pagayeur, reprend tout seul ce qu'avait dit le premier, tous reprennent en chœur, et celui qui avait entonné recommence, et ainsi de suite. Tantôt, au contraire, celui qui chante seul, ne dit qu'un mot ou deux, et le chœur hurle plus longtemps, et le plus souvent en partie.

Cette musique est traînante : plutôt triste que gaie, et me paraît surtout être dans le mode mineur. Elle étonne au premier abord, mais on s'y fait vite, et je n'étais pas sans lui trouver un charme particulier.

Mais, revenons à nos moutons.

Une fois débarqués nous nous dirigeâmes vers la résidence de France. Ce qu'on décore de ce nom pompeux, est une petite maison en bois, démontable, construite en France, puis remontée et ajustée à son arrivée dans le pays. La maison du Résident comptait quatre appartements y compris le bureau de la résidence. Ces constructions sont sur pilotis de 80 c. de haut. au-dessus du sol : on y accède par quelques marches. Tout autour de la maison, court une galerie couverte, où, à certains moments de la journée, on peut respirer un air moins lourd que celui des appartements.

Ce serait une erreur de se figurer Grand-Bassam comme une grande ville. Bien que ce soit le siège de la résidence, c'est un village fort peu important, du moins pour la partie située directement sur la côte.

Les premières habitations qu'on y voit sont à droite la factorerie Verdier, et à gauche une factorerie anglaise. Sur un plan plus éloigné, et au milieu, trois maisons en bois, pour le résident et les employés du bureau de la résidence, et en arrière une autre factorerie.

Le village est situé en arrière, et s'étend jusqu'à la lagune, c'est-à-dire, sur une longueur de 250 mètres environ. Il est composé de petites cases carrées, construites en bambous placés verticalement les uns à côté des autres, et reliés ensemble. Ce que les indigènes appellent ainsi « bambou », n'est autre chose que des tiges de feuilles de cocotier. La toiture est formée de plusieurs couches de feuilles sèches, le plus souvent de feuilles du même arbre.

La porte est la seule ouverture de ces maisons dans lesquelles on trouve généralement plusieurs cloisons limitant autant d'appartements : mais ces cloisons, ne montent pas jusqu'au toit ; elles n'ont que la hauteur des bambous qui les forment, à peine 2 mètres. Dans chaque appartement, on peut voir ce qui sert de lit aux indigènes, une sorte de table, toujours en bambou, supportée par quatre piquets de deux pieds de haut.

Pas de cheminée, ni d'ouverture autre que la porte par laquelle puisse s'en aller la fumée de la cuisine qui se fait dans le premier appartement en entrant.

En outre, chaque maison, possède une sorte de petite cour carrée entourée d'une palissade en bambou, et dans laquelle grouillent les poules, les enfants, et de petits cochons noirs. C'est là aussi, que les femmes, vaquent aux occupations extérieures du ménage.

Ce village comprend cinq ou six rues, presque toutes irrégulières, sauf pourtant l'une d'elles, qui va de la résidence à la lagune, où se trouvait la canonnière le *Diamant.* Un incendie avait récemment détruit cette partie du village, et le Résident l'avait fait reconstruire d'une façon régulière.

L'hospitalité la plus gracieuse nous fut offerte par le Résident M. Desaille, et par son chef de bureau M. Bricard, dont la maison était voisine. Nous comptions en profiter quelques jours, car mes compagnons avaient à compléter leurs achats d'étoffes et de pacotille, et il nous fallait réduire en ballots portatifs, les bagages, jusque là en caisses énormes.

Nos plans furent troublés. Le bruit courait qu'au poste de Lahou, où nous devions nous rendre, le douanier chef de poste, était prisonnier des noirs, ainsi qu'un commerçant français. Le pays était en guerre et il fallait 12.000 francs pour délivrer les captifs. Malgré les nouvelles rassurantes, données quelques jours plus tôt sur le *Maceio*, par le douanier en question au gouverneur, il fut résolu que M. de Tavernost irait à Lahou contrôler ces bruits. Il partit donc sur un vapeur de la maison Verdier, qui lui fit parcourir la lagune de Grand-Bassam, puis il dut faire à pied, une trentaine de kilomètres sur la plage. Arrivé à Lahou, il trouva le pays parfaitement tranquille, le douanier et le commerçant en toute liberté. Le vapeur qui l'avait mené, revint bientôt, avec une lettre de lui, portée précisément par le commerçant en question, M. David agent de la maison Verdier. M. de Tavernost nous invitait à aller le rejoindre : toutes nos dispositions étaient prises, et il fut décidé que le *Diamant* nous transporterait.

Ce fut le 4 février, vers 9 h. du matin, que nous prîmes congé de nos hôtes. Nous partions avec un commerçant français nommé Grisard. Une baleinière était à la remorque de notre vapeur, contenant nos Sénégalais, les bagages, et trois porteurs qui devaient nous suivre pendant toute l'expédition. — Nous devions prendre, comme interprète, un vieux noir, se faisant appeler le père François, homme de confiance de Belé, roi de Grand-Bassam. Il habitait le vrai village de ce nom, car il faut savoir que l'agglomération de cases, qui se trouve sur la côte, bien que désignée sous le nom de Grand-Bassam, se nomme le blockhauss, tandis que le village à proprement parler, est situé plus en arrière sur la lagune.

Le sifflet du *Diamant* annonça notre arrivée aux habitants, et aussitôt une pirogue quitta le rivage, portant Belé et le père François. Tous deux montèrent sur la canonnière, et s'arrêtèrent près de moi, de sorte que je pus facilement observer la cérémonie bizarre des adieux du souverain à un homme important de son royaume. Après quelques paroles, — que j'aime à croire de bon conseil — adressées par Belé à François, celui-ci lui présenta les deux mains ouvertes, dans lesquelles le roi, avec un grand sérieux, cracha par trois fois, et à chaque fois, François se barbouilla la figure de la salive du monarque. Cette étrange bénédiction terminée, — je suppose du moins, que c'est une bénédiction — le roi quitta notre bord et regagna sa capitale. Le *Diamant* continua sa route.

Alors, commença vraiment la navigation sur la lagune. On appelle ainsi d'immenses étendues d'eau, en général peu profondes, communiquant avec la mer par une seule ouverture, et recevant l'eau des fleuves. Celle de Grand-Bassam, où nous sommes en ce moment, reçoit les fleuves l'Akba et l'Agniby. Elle suit une direction sensiblement parallèle à la plage ; mais ses contours sont fort capricieux, formant çà et là des anses parfois profondes ; de temps à autre, on trouve des îles, complètement recouvertes par une végétation puissante. On navigue d'ailleurs sur un lac au sein d'une forêt.

Les rives très découpées de la lagune, tantôt sont hérissées de quelques rochers formant une petite falaise recouverte de verdure, tantôt, et c'est le cas le plus fréquent, le rivage est peu élevé, et donne naissance à des arbres majestueux qui croissent sur le bord même de l'eau. On y trouve des manguiers, des fromagers et tant d'autres, dont les cimes élevées, se détachent avec une grande netteté sur le ciel ensoleillé de ce pays brûlant : entre ces arbres, d'autres moins élevés, puis de plus petits encore et enfin les buissons et les lianes formant sur toute la longueur de la lagune une impénétrable muraille de verdure. D'endroits en endroits, le rivage change un peu d'aspect, et au lieu de cette gravité des grands arbres, dont le vert sombre amènerait la tristesse, on rencontre quelque rocher, ou quelque arbre mort, sur lesquels monte une plante grimpante, dont la tonalité plus claire tranche sur l'aspect sombre de la forêt, et dont le feuillage après avoir couru de branche en branche, retombe en guirlandes élégantes, jusque dans l'eau.

Dans cet autre point, on aperçoit une pirogue amarrée à l'arrivée d'un chemin, qui court à travers la forêt, pour aboutir à un village caché à nos regards : là, au contraire, la rive plus élevée, est couverte de palétuviers et présente un tout autre aspect, dû à la présence de ces arbres, qui font plonger dans l'eau de nombreuses branches sans feuilles, semblables à des racines entrecroisées dans tous les sens, et qui parfois sont recouvertes d'huitres qu'on se garde bien de consommer, le palétuvier, ayant la réputation de croître dans les endroits particulièrement malsains.

Telle était la lagune, sur laquelle le *Diamant* nous transportait. Sa profondeur très variable, nous forçait à faire de nombreux zig-zags pour ne pas échouer ; de temps à autre, nous rencontrions une pêcherie, formée de palissades, barrant une partie de la lagune, et disposées de façon à constituer des sortes ou labyrinthes, au moyen desquels les noirs peuvent prendre le poisson. En passant, nous effarouchions les oiseaux perchés sur ces pêcheries, tels que des charognards, sorte de petit aigle, ou des aigrettes, superbe oiseau d'un blanc très pur, dont les plumes du dos, se vendent à raison de 300 francs l'once, pour orner les chapeaux des Européennes. Pendant quelques instants, nous nous offrîmes le plaisir d'envoyer quelques coups de fusil, à ces paisibles animaux.

Toute la journée du 4 février, fut employée à naviguer ainsi sur la lagune, et le soir, vers 7 h. nous arrivions en vue de Dabou, poste français situé au fond d'une petite anse, sur une hauteur, où jadis Faidherbe fit construire un fort qui commande la lagune. Nous descendons à terre, et l'administrateur M. Péan nous offre une bienveillante hospitalité pour la nuit, précisément dans ce fort dont il dirige la réparation, et qui lui sert d'habitation.

Le lendemain, de bonne heure, nous quittions Dabou, et le *Diamant* continuait sa course vers l'extrémité de la lagune : nous espérions voir dès l'aube, des caïmans se montrer à la surface de l'eau en cet endroit où ils sont assez nombreux ; mais notre espoir fut déçu. — La lagune présente le même aspect que la veille, mais dans certains points, sa largeur devient assez considérable pour que l'une des rives disparaisse presque aux regards.

Vers midi, le *Diamant* s'arrêta de lui-même, bien que l'extrémité de la lagune fut encore à 5 ou 600 mètres de nous ; mais, dans cette dernière partie, le fond est tellement vaseux et sur une si grande hauteur que la navigation est impossible ; au lieu d'eau, on a une boue liquide, noirâtre, répandant sitôt qu'on la remue, une odeur infecte : aussi, ne faut-il pas s'étonner si sur le bord même de la lagune, on ne trouve aucune habitation.

En face de nous, nous apercevions l'embouchure d'un ruisseau qui nous paraissait devoir courir dans la forêt : la baleinière que nous avions traînée à la remorque, fut dirigée sur ce point, tandis qu'une pirogue que nous avions hélée, transportait à terre, M. Armand. J'étais resté seul avec Grisard sur le vapeur, ce qui nous valut quelques moments de franche gaieté, et voici pourquoi : si, quelques-uns de nos Sénégalais étaient débarqués avec le lieutenant, d'autres étaient avec nous sur le vapeur, de telle sorte, que dans la baleinière chargée de bagages, il n'y avait que nos trois porteurs et quelques autres noirs, qui ne se résignèrent que très difficilement à faire parcourir à leur embarcation p˙samment chargée, cette petite mer de boue. Ils auraient voulu qu'on transbordât les bagages dans des pirogues ; et on fut bien forcé d'en arriver là, car après avoir parcouru à peu près la moitié du chemin, la baleinière dût s'arrêter, ne pouvant plus avancer.

Plusieurs noirs se mirent à l'eau, ou plus exactement à la boue, afin de pousser le bateau, mais sans succès ; il était à craindre, que comme nous les avions forcés à agir ainsi, ils ne prissent mal la chose ; mais, nous voyant rire de leur embarras, ils se mirent à rire plus fort que nous, tout en pataugeant dans la boue, jusqu'à la ceinture.

Sur ces entrefaites, une pirogue vint nous chercher, et bientôt après nous nous engagions dans le petit ruisseau dont nous avions aperçu l'embouchure ; mais ce n'était qu'un chemin, recouvert en partie par la lagune, qu'il nous fallut franchir à califourchon sur le dos de nos Sénégalais. — Nous étions en pleine forêt ; aussitôt les bagages furent partagés et chargés sur la tête des porteurs et nous nous mîmes en route pour Lahou, dont une trentaine de kilomètres nous séparait encore.

Nous nous engageons à travers la forêt, dans un étroit sentier, au milieu de nombreux palmiers à vin ; les papayers et le manioc étaient aussi abondants, mais il y avait surtout des ananas en telle quantité, que je n'en ai jamais vu autant. Après avoir fait environ deux kilomètres, nous apercevons le village de Kraffy, où nous ne faisons que prendre quelques porteurs de plus, et nous continuons sur la plage pour gagner le village de Toucoussou, auquel nous arrivons à la chute du jour.

Le roi Abi, chez lequel, nous nous rendons aussitôt, nous reçoit très amicalement. Ce monarque, d'environ 45 ans, était coiffé d'un foulard rouge, plié en triangle, qu'il s'attachait sous le menton, tout comme les paysannes françaises attachent leur mouchoir à carreaux. Il nous fait entrer dans une espèce de salle située au milieu de sa case et présentant la particularité bizarre d'être à ciel ouvert dans la moitié de son étendue, et recouverte par un toit dans l'autre moitié. En fait de sièges, dont nous aurions eu bon besoin, nous n'avons trouvé qu'une chaise d'origine européenne, et dont toute la paille était disparue. Le roi donna ces ordres pour que des appartements nous fussent préparés, — on se serait cru en Europe — et des nattes et des étoffes furent étendues, là où nous devions coucher.

Plusieurs femmes se mirent à l'œuvre pour nous préparer le plat national des nègres, le foutou, sorte de fricassée de poulet ou de poisson fumé, avec pain de bananes et sauce au piment. Je me rappellerai toujours le repas de ce soir là qui pour avoir été fait sur l'herbe et au bord de l'eau, n'avait que des ressemblances fort lointaines avec ces délicieuses parties des environs de Paris. Un douanier qui se rendait à Lahou avec nous, s'occupait de faire chauffer l'eau pour le thé qui devait nous servir de boisson ; les noirs, intrigués, apportaient d'eux-mêmes des branchages secs pour alimenter notre feu. Nous étions sur la plage, en plein vent, sous les cocotiers qui séparent Toucoussou du bord de la mer. Tandis qu'au palais, le foutou se préparait, je m'occupais à ouvrir une boîte de conserves destinées à faire le second service de notre frugal dîner : le fond d'une pirogue qui se trouvait là, nous servit de table.

La nuit présida à notre repas, qui n'était éclairé que par le brasero que les noirs avaient soin d'entretenir.

Le foutou, préparé par les femmes du roi, nous fut apporté ; mais, malgré nos recommandations, il était tellement épicé qu'aucun de nous, ne put en manger beaucoup. Nos Sénégalais en profitèrent et se montrèrent très satisfaits.

J'eus la paresse de ne pas dresser mon lit, et je couchai sur les nattes que m'avait destinées la munificence royale. Le repos seul dont j'avais besoin, me fit dormir, car, véritablement, j'ai été rarement aussi mal couché que sur ce terrain battu, constituant le sol du palais.

III

Le lendemain, nous nous disposions à nous mettre en route,
lorsque Abi, nous fit savoir que sa grande pirogue était à notre
disposition. Sa Majesté noire, sans doute fort honorée de notre
visite, s'opposait à ce que nous fissions la route à pied sur le
sable. Des porteurs, qui furent en majorité des femmes, se
saisirent à l'envi de nos bagages, et sous la conduite de nos
Sénégalais stimulant les retardataires, partirent aussitôt par la
plage. M. Armand, Grisard et moi, nous passons la barre sans
difficulté, mais non sans être arrosés, moi du moins, et....
vogue la galère : nous étions environ à un demi-mille de la
côte, ce qui nous permettait d'avoir l'œil sur notre convoi de
bagages. Le roi en personne tenait l'aviron de queue, faisant
office de gouvernail, et pendant cinq heures consécutives, sans
pouvoir changer de position, il nous fallut rester dans cet étroit
bateau. J'étais placé tout-à-fait à l'avant, n'ayant devant moi
qu'un seul noir que je stimulais, criant, tempêtant sans cesse

pour le faire pagayer plus vite, car ainsi que ses collègues de l'arrière, du reste, il passait une bonne moitié du temps à se reposer.

Nous avancions avec une sage lenteur : sur la plage les villages se succédaient, et de temps en temps, nous pouvions voir nos porteurs s'arrêter dans l'un deux pour se reposer et se rafraîchir.

La chaleur en effet, commençait à se faire sentir. Tout-à-coup le noir qui était devant moi disparut dans les flots. Je le vis bientôt se diriger vers la terre, entrer dans un village, et une demi-heure après son arrivée, plusieurs pirogues se mirent à la mer et nous apportèrent des cocos. Tout le monde se précipita sur cette boisson rafraîchissante, en particuliers nos pagayeurs, qui profitèrent de l'occasion pour ne plus rien faire du tout.

Celui qui était devant moi, revint à la nage, et s'appuyant sur les deux bords de la pirogue, il sauta à sa place avec une telle légèreté, que nous ne ressentîmes pas la moindre secousse.

Enfin nous voilà repartis : nous apercevons la barre du fleuve Lahou qui se fait sentir au loin dans la mer ; nous pensions la traverser, mais, on nous fit débarquer à un petit village qui en était peu éloigné. — Depuis quelques temps, une pirogue nous accompagnait, et voici quelle était la signification de cette escorte. Pour aborder, il nous fallait traverser la barre de la plage et les noirs ne voulaient pas y engager une pirogue aussi chargée que celle ou nous étions tous. Je passai donc dans la nouvelle pirogue, qui me débarqua, et je dois dire, que jamais je n'ai passé la barre avec plus de facilité. Le fond plat de ce genre de bateau lancé à toute vitesse, glisse sur le sable, sans chavirer comme le fait la quille d'une baleinière, et on débarque à pied sec, sans le moindre ébranlement.

Il était plus que midi, nous n'avions pas encore mangé et je ne cache pas, que je fus quelque peu désappointé quand je vis que nous traversions le village pour nous enfoncer dans les bois.

Après quelques minutes de course, nous embarquions de nouveau sur une pirogue, qui nous fit suivre une série de marigots aboutissant à un fleuve d'un aspect magnifique. C'était le Lahou, que nous traversons pour aller trouver la lagune. De cette façon nous avions évité la barre du fleuve, et bientôt nous étions au poste de Lahou, où nous retrouvions M. de Tavernost.

Le poste de Lahou est situé sur une étroite langue de terre limitée d'un côté par l'Océan Atlantique et de l'autre par la lagune. A une trentaine de mètres de celle-ci, se trouve une muraille ou plutôt une palissade de bambous, circonscrivant un carré assez vaste, dans lequel sont les bâtiments du poste, c'est-à-dire la case du douanier et deux autres cases servant de logement aux Haoussas ou soldats du poste. Deux portes seulement sont percées dans la murailles d'enceinte, l'une regardant la lagune, l'autre regardant la mer, éloignée d'environ 300 mètres. — Le douanier Jeannin nous reçoit de son mieux ; nous prenons quelque nourriture, tandis que M. de Tavernost nous fait part des renseignements qu'il a recueillis.

Quant à nos bagages, ils étaient encore loin : nous avions dépassé la caravane, et celle-ci devait être arrêtée dans sa marche par le fleuve. Aussi, M. de Tavernost et moi, nous dûmes repartir chacun dans une pirogue, pour aller retrouver nos porteurs, embarquer tous les ballots, et les amener au poste, ce qui fut fait sans la moindre difficulté.

Une des chambres de la case du douanier, fut mise à notre disposition : nos trois lits y furent dressés ; nous attendions le vapeur de la maison Verdier, le *Faidherbe* qui devait venir nous retrouver par mer, pour nous faire ensuite remonter le Lahou.

Comme ce vapeur, mit quelque temps à venir, occupons nos loisirs à examiner le pays et les habitants.

‹ La plage, est cette longue bande de sable, unie et droite, que nous avions vue du pont du *Maceio* ; elle est uniforme d'un bout à l'autre ; c'est toujours la même bande jaune, toujours semblable à elle même, qui s'étend aussi loin que l'œil peut la suivre. La seule particularité qu'elle présente, est sa mobilité et son changement de forme : tantôt elle forme un plan incliné qui va mourir dans la mer, tantôt, elle forme de petites dunes, qui sont plus ou moins modifiées du jour au lendemain, et ces deux aspects, se transforment l'un dans l'autre avec une grande rapidité.

Si nous tournons nos regards vers le continent, nous voyons le village ; devant nous le poste, et de chaque côté de celui-ci les huttes des noirs s'étendant sur une grande longueur ; à gauche du poste, les traces d'un incendie dû à une révolte des indigènes qui furent sévèrement punis quelques mois plus tôt. A peu de distance, le palais du roi John, à qui nous rendrons bientôt visite.

Entrons dans le poste, par la porte qui regarde la mer.

Ce poste, avons-nous dit, est entouré d'une palissade circonscrivant un carré long. Parallèlement à la petite extrémité de ce carré, et tout près d'elle, du côté de la mer, est une case, longue composée de quatre chambres ; c'est l'habitation du douanier et la nôtre. Les hommes du poste et nos Sénégalais, étaient logés dans deux autres constructions, dirigées perpendiculairement aux extrémités de celle-ci, et suivant par conséquent les grands côtés de la palissade ; de telle sorte que nous avions devant nous en regardant la lagune, un vaste espace vide, une sorte de cour, sur laquelle s'ouvraient nos chambres, et où les hommes astiquaient leurs armes, et souvent s'étendaient la nuit pour dormir au frais.

Sortons du côté de la lagune, et nous aurons un tout autre tableau. Une plantation de cocotiers s'offre tout d'abord à nos regards, et s'étend jusqu'au bord de l'eau. Au pied de ces arbres, des pirogues, moitié dans l'eau, moitié sur le sable, prêtes à sillonner la lagune qui offre un très beau coup d'œil. Devant nous à peu de distance du rivage, une île peu étendue, recouverte complètement d'arbres énormes, croissant à l'état sauvage, depuis des siècles sans doute. Rien ne vient troubler la solitude qui règne au milieu de ces arbres noirâtres, dont les troncs peu élevés donnent naissance à des branches tortueuses qui semblent chercher à s'entrelacer avec celles des arbres voisins. Jamais les noirs n'abordent dans cette petite île, qui d'ailleurs est recouverte par les grandes eaux. Ses seuls habitants, sont d'innombrables petites crabes noirs, et parfois, les caïmans.

Au loin, derrière cette île, on aperçoit le continent, l'autre rive de la lagune, qui en cet endroit est assez large. — Une autre île, beaucoup plus grande que la précédente se trouve à notre gauche.

Quand on se dirige à droite pour aller retrouver le Lahou, on rencontre une troisième île plus petite, dite l'île des esclaves. C'est là, qu'on vient jeter les corps des esclaves décédés, qui n'ont pas droit à la sépulture. Les oiseaux de proie, volent sans cesse au-dessus de ce charnier, en quête de quelque nouvelle pâture, et souvent j'ai vu en passant des crânes et des ossements humains dépouillés de leurs parties molles par les aigles et les crabes qui pullulent en cet endroit.

La profondeur de la lagune change d'un endroit à l'autre ; pour y naviguer sans échouer il est nécessaire de bien connaître les passes ; et encore, doit-on s'estimer heureux s'il n'arrive pas d'aventures.

Sauf le jour fétiche, où la pêche est interdite, on voit à tout moment de nombreuses pirogues chargées de poissons pris dans les pêcheries : les noirs lancent aussi l'épervier avec habileté, et jamais je ne l'ai vu retirer, sans une prise, quelquefois très abondante. Le poisson, d'ailleurs excellent, foisonne dans la lagune ; mais la chaleur oblige à le consommer de suite. Cependant le plus souvent, les noirs le font fumer, au lieu de le manger frais.

La tranquillité des eaux de la lagune invite à s'y baigner ; mais ce calme est trompeur, et cache un danger bien connu des indigènes qui ne s'éloignent jamais de la rive. C'est que dans ces eaux, se rencontrent des poissons scies, dont les atteintes, sont redoutables.

Nos ressources étant très maigres, il fut décidé le lendemain de notre arrivée, que nous irions à la chasse : pour épargner un peu les provisions qui lui viennent de France, le blanc est bien forcé de chercher querelle au gibier. On écrit souvent que les forêts de l'Afrique tropicale sont très giboyeuses ; apparemment ceux qui ont écrit de telles choses, n'y sont jamais allés voir, car, dans cette région, du moins, le gibier est rare.

Sur la rive nord de la lagune, s'étend la forêt ; mais, non une forêt comme on les voit en France ; c'est une suite d'immenses clairières de 2 ou 3 kilomètres de tour, séparées les unes des autres par des arbres embroussaillés. Ces clairières ne laissent pousser que des hautes herbes qui arrivent à la ceinture du chasseur, souvent même jusqu'à la tête : aussi la marche, y est-elle particulièrement fatigante.

Pour rompre la monotonie de ces herbes sèches, la nature a placé ça et là comme des épingles sur une pelote, des arbres gigantesques, qu'on appelle des rogniers : on dirait d'immenses parapluies dont le manche est fiché dans le sol. Le tronc de ces rogniers, généralement droit, est plus gros en haut qu'en bas, ce qui produit un effet singulier ; il n'a aucune branche, et supporte seulement un bouquet de larges feuilles en éventail à vingt ou vingt-cinq mètres de hauteur. Les feuilles de ces arbres, sont en tout semblables à celles de ces plantes que nous appelons des palmiers et qu'on voit dans nos salons :

une seule d'entre elles, atteint deux ou trois mètres de longueur.

Ces rogniers, ne sont d'aucune utilité: leur fruit, grosse pomme rouge et noire, qui se divise en trois parties, est peu estimé des nègres.

C'est là que nous allions chercher les bœufs sauvages : M. de Tavernost, l'avant-veille en avait blessé un, qui lui avait échappé, et nous espérions en trouver d'autres.

Avec des noirs pour guides, nous traversons la lagune de grand matin, et placés en file indienne, nous traversons silencieusement les clairières.

Quelle majesté dans l'étendue de ces forêts de l'Afrique tropicale, mais aussi quelle tristesse ! Au milieu de cette végétation exubérante, partout, le silence de la mort ! Pas un bruit ; pas un chant d'oiseau matinal : contraste frappant, avec nos champs et nos bois de France où dès l'aube, par leurs cris joyeux, mille oiseaux divers, saluent le soleil levant. Seul, un perroquet, que nous avions effrayé se mit pendant quelques minutes à tourner au-dessus de nous, en nous agaçant de ses roulades.

Puis, plus rien que nous, toujours silencieux et causant à voix basse.......... Mais nous venons d'entrer dans une nouvelle clairière ; les hautes herbes nous arrivent presque aux yeux. Les noirs qui nous conduisent se cachent brusquement en nous criant : « beef, beef ». Nous regardons de tous côtés sans rien voir.

Tout à l'extrémité de la clairière, une petite masse d'une blancheur de neige se détache nettement sur le feuillage sombre des arbres : elle semble se déplacer sans remuer. C'est une aigrette, juchée sur l'échine d'un bœuf solitaire qui pâture. Si bizarre que cela paraisse, il n'est pourtant pas rare, paraît-il, de voir ces oiseaux ainsi perchés sur des bœufs *solitaires*. Nous

avançons silencieusement, mais Grisard tire trop tôt et le bœuf
nous échappe.

Nous rentrons sans gibier au grand contentement des noirs,
qui ont l'air de nous narguer sur notre insuccès.

Le lendemain, nous blessons une superbe antilope que les
hautes herbes nous empêchent de retrouver.

Plusieurs fois nous y sommes retournés depuis avec des
succès divers.

Entre temps, je parcourais le village du Grand-Lahou,
cherchant, à me rendre compte des usages des noirs: c'est
ainsi, que je fus amené à faire visite au roi John, vieillard
imbécile, pour lui demander de me montrer ses souris divina-
trices.

Un vaste espace clos d'une palissade et contenant plusieurs
cases, lui sert de palais. — J'y pénétrai, accompagné du
douanier, et le souverain, nous voyant, mobilisa aussitôt
plusieurs de ses femmes — il en a vingt-deux: le nombre
primitif était de trente ; mais il ne remplace pas les défuntes —
pour aller nous chercher des sièges. C'étaient des trépieds
analogues à des chevalets de peintre, et sur lesquels on est
moins mal assis qu'on ne le supposerait tout d'abord, ou encore
une bûche creusée, grossièrement équarrie et sculptée, ou plus
simplement une peau de singe étendue sur le sol.

Désireux de me rendre compte, je demandai à voir les souris.

Dans un pot en terre cuite, muni d'un couvercle, on plaçait
parallèlement deux petites tiges d'os, auxquelles étaient appen-
dues, comme des franges, d'autres tiges d'os ou de bois très
mobiles. Le tout était rangé avec ordre sur le fond du pot ; le
roi y jetait une poignée de grains et plaçait le couvercle. — Ce
pot en terre, était placé sur un pot en bois, dans lequel vivaient
deux ou trois souris, qui venaient manger le grain, en passant

Sièges divers en usage à Grand-Lahou
& à Tiassalé. p. 32.

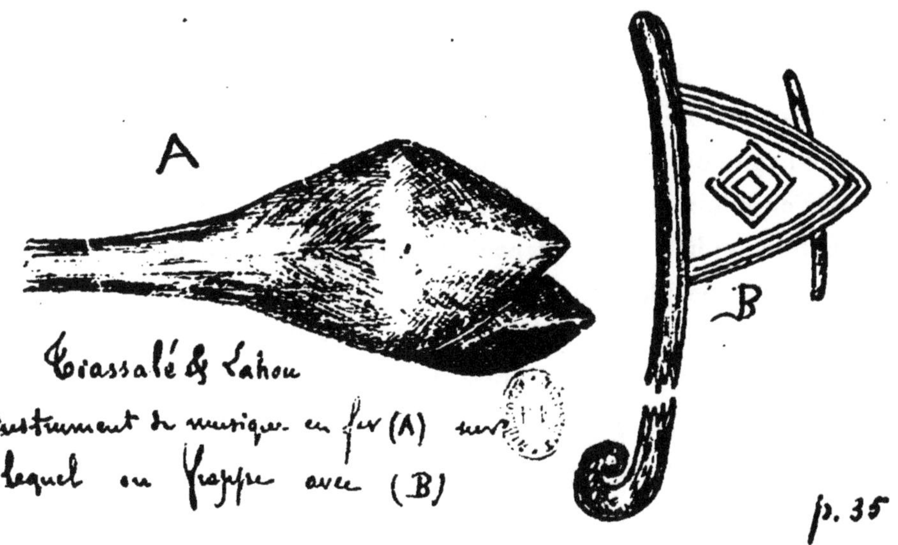

Tiassalé & Lahou

instrument de musique en fer (A) sur
lequel on frappe avec (B)

p. 35

par un orifice pratiqué dans le fond du pot supérieur. Les tiges se trouvaient dérangées plus ou moins, et le roi John dans sa science, de par le désordre constaté, augurait de telle ou telle chose. C'est ainsi qu'en ma présence, ses souris lui indiquèrent, me dit-il, pourquoi l'une de ses femmes ne l'aimait plus !!

En quittant le roi, je passai sous une hutte, où je pus voir une reine, assise à terre, occupée à tisser avec des fibres végétales. Le tissu était fixé à un point résistant : quant aux écheveaux, au nombre de trois, l'un était dans la bouche, l'autre dans la main gauche, et le troisième, retenu entre les deux premiers orteils d'un pied. Les trois se réunissaient à la main droite qui assemblait les fils.

Ces tissus ainsi fabriqués, sont fort solides et d'un usage courant chez les noirs, qui en font des ceintures, des pagnes, etc.

Le costume des habitants de Grand-Lahou, comme de ceux de Grand-Bassam d'ailleurs, se compose toujours d'une étroite ceinture, et souvent d'un pagne, pièce d'étoffe de couleurs variées, qu'ils se mettent sur les épaules, ou autour de la taille. Ils n'ont presque jamais rien sur la tête, et s'ingénient à se couper les cheveux des façons les plus bizarres. Tantôt, ils sont tondus partout, sauf en un point, qui est lui-même d'une situation très variable, soit au sommet de la tête, soit le plus souvent, en avant ou sur les côtés ; et, cette touffe de cheveux, a une forme circulaire, ou une forme de demi-lune ; enfin, au lieu d'en avoir une seule, ils en ont parfois plusieurs, ce qui leur donne une drôle de physionomie : tantôt leurs cheveux sont coupés par lignes parallèles ; la tête a dès lors l'aspect d'un guéret avec ses sillons. — La coiffure, la plus bizarre, est celle que j'ai vue chez les femmes, qui la plupart du temps, toutefois, ont comme les hommes, les coiffures précédentes. Voici en quoi elle consiste.

Lorsque les cheveux, ont atteint quelques centimètres de longueur, ils sont pris par petits faisceaux, et réunis ensemble, comme une petite natte ; il en résulte qu'une femme ainsi coiffée, a la tête hérissée dans tous les sens de ces petites nattes ; mais ce qui est peut-être plus bizarre encore, c'est la coloration du cuir chevelu, formant autour de chaque cône de cheveux, un cercle plus pâle, et décrivant sur la tête, comme un damier. Je me suis laissé dire que pour coiffer une femme de cette façon. il fallait une demie-journée.....

Ils adorent les bijoux, et ont des bagues d'or et d'argent aux mains, et même aux pieds : très souvent ils ont à la jambe un bracelet, dont une partie élargie et creusée renferme un caillou mobile, qui fait grelot à chaque pas. Ils se mettent aussi des colliers, formés soit d'amulettes d'or, soit de coquillages ou de petites pierres, enfilées dans une ficelle.

A chaque instant à Grand-Lahou, il y avait tam-tam, c'est-à-dire réjouissance où l'on fait du bruit.

Pour un homme qui veut dormir ou travailler, ou seulement reposer, je ne connais rien de plus désagréable que le tam-tam. C'est un véritable supplice, que d'entendre presque sans discontinuer pendant quelquefois toute une journée ou toute une nuit, le même bruit accompagné de cris sauvages. Et pourtant, le tam-tam, si répandu parmi les noirs, est une cérémonie qu'ils regardent comme très divertissante, et à laquelle ils assistent toujours en grand nombre ! !

Je ne sais s'il y a plusieurs circonstances où l'on fasse tam-tam, en dehors du tam-tam de guerre, et du tam-tam funèbre.

Quand il y a tam-tam, la pêche, le commerce, tout en un mot est arrêté ; si les blancs qui habitent le village en tam-tam, n'ont pas de quoi se nourrir, ils sont condamnés à mourir de faim et si on demande du poisson, des ignames ou des patates, la réponse

« il y a tam-tam » n'admet pas de réplique. Il n'y a guère que du vin de palme qu'on puisse avoir, quand on le rencontre en route, et qu'on met la main dessus ; autrement, inutile d'y compter, car il est tout dirigé sur le tam-tam.

En quoi donc consiste cette étrange coutume ? Tout simplement en la réunion d'un certain nombre de noirs, assemblés pour chanter, et faire une musique dont nous allons dire quelques mots.

Cette musique est loin d'être harmonieuse. Les exécutants ont dans chaque main un morceau de bois ou de fer qu'ils entrechoquent ; ceux qui sont d'un rang plus élevé, au moyen d'un marteau qui ressemble à une hache ou à un casse-tête, frappent sur un losange en fer dont la forme allongée rappelle une tête de serpent ouvrant la gueule. D'autres frappent sur des tambours de formes variées, et autour du chef, trois ou quatre noirs soufflent dans de petites défenses d'éléphant transformées en trompes. Tel est l'orchestre.

Voyons maintenant l'exécution : elle sera vite indiquée ; il n'y a pas de rhythme, et chacun joue quand il est prêt ! ! !

Telle est la grande réjouissance des peuples noirs, réjouissance qu'ils prolongent à plaisir, mais qui ne m'a jamais séduit. Je n'étais point, Dieu merci, forcé d'y assister, et si parfois j'y suis allé par curiosité, j'en revenais bien vite, chassé par cette musique, à laquelle ne manquent que la mélodie et la variété.

Le tam-tam se prolonge d'autant plus que le personnage décédé est plus important. C'est un fait curieux, en effet, que tandis que chez les peuples civilisés, la mort est une cause de deuil et de tristesse, chez les sauvages elle est une cause de réjouissance.

A Grand-Lahou, le 2 avril 1891, avait lieu la fin d'un tam-tam à l'occasion de la mort du chef Amsa décédé depuis quatre mois : la fête n'a pas duré quatre mois sans discontinuer heureusement, mais elle r[...]ait souvent. J'y assistai un jour : les quatre ou cinq veu[...] [A]msa, en pagne de cérémonie se suivaient lentement les bras croisés, se rendant au tam-tam. Je m'y rendis aussi. Dans une vaste salle, un grand nombre de noirs étaient assis à terre entrechoquant leurs morceaux de bois ou de fer. Parmi eux se trouvaient les chefs qui ne se distinguaient des autres que par leurs cannes fichées dans le sol. Au milieu John présidait entouré de noirs avec leurs trompes : tout le monde chantait, frappait, fumait, crachait, buvait, et rien n'était moins engageant que de pénétrer dans ce lieu de réunion. John, m'ayant aperçu, me fit appeler et placer près de lui. Je vis alors circuler dans la foule, des verres et des bouteilles, et bientôt, me fut offert un bon demi-verre d'un alcool atrocement fort que je dus avaler. Je me retirai, complètement édifié sur la manière de célébrer la mort dans ce pays.

On comprendra maintenant, que les jours de tam-tam les rues du village soient parcourues par des individus, qui n'ont plus qu'une notion bien imparfaite de l'équilibre.

Le jour où ce tam-tam prit fin, une bande d'hommes tatoués se rendirent armés de fusils à la case du défunt, et durant une heure et demie s'amusèrent à tirer des coups de fusil en l'air, voire même des coups d'un petit canon, dont ils nous brisaient la tête depuis plusieurs jours.

Le tam-tam, qui m'a de tous semblé le plus pénible, est un tam-tam exclusivement célébré avec des morceaux de bois, qui dura toute la nuit à la porte du poste de Grand-Lahou ; il fut impossible de dormir.

Aussi bien, le tam-tam, et les bizarreries de coiffures ne sont pas les seuls usages étranges des nègres, non-seulement à

Grand-Lahou ou à Grand-Bassam, mais partout. En voici un autre qui mérite d'être connu.

Une chose, qui chez les nègres a une importance qu'elle n'eut jamais chez nous, même sous Louis XIV, quand pourtant c'était la mode, c'est le lavement : tout nègre qui se respecte prend son lavement, et qu'on n'aille pas croire que c'est de temps à autre ; c'est tous les jours ou à peu près.

Que le lecteur me permette de lui donner quelques détails sur cet usage, au moins singulier, et aussi sur le mode d'emploi qui ne manque pas de saveur.

La race nègre a un goût très prononcé pour le piment, qu'on a justement nommé poivre de Guinée. Bien que dans les forêts croisse une espèce de poivre assez analogue au nôtre, et dont j'ai fait usage, c'est le piment qui est en honneur. Le moindre foutou (plat national), comporte l'assaisonnement d'une quarantaine de petits piments soit verts, soit rouges, suivant leur degré de maturité : tous ces piments sont écrasés entre deux pierres, et la pâte qui en résulte donne le goût à la fricassée ; et je vous assure que ce goût-là est prononcé. C'est positivement épouvantable.

Le piment est en outre une panacée universelle : pas le moindre bobo, qu'aussitôt le piment ne soit employé intùs et extrà ; c'est lui aussi qui fait le fond du lavement. On en écrase une vingtaine comme tout-à-l'heure, on délaie la pâte soit avec de l'eau, soit au besoin avec de la salive, et la préparation ainsi faite on l'utilise de suite.

Passons au manuel opératoire vraiment curieux. Là, point de seringues, point de clysopompes plus ou moins compliqués : la nature qui s'est faite la pourvoyeuse de la matière fournit aussi l'instrumentation. Une cucurbitacée très répandue, et croissant sur le sable de la plage et dans les forêts, donne un fruit pyriforme à goulot très allongé et terminé en pointe ; ce fruit peut être comparé à un petit ballon de chimie dont le col aurait été étiré. On le met à dessécher au soleil, et bientôt on a une sorte de gourde, solide et très résistante. Une petite ouverture au sommet de la canule, et une autre au pôle du renflement, ont servi à débarrasser le fruit de ses graines.

Les piments étant broyés sont introduits dans l'instrument que l'on remplit d'eau ; puis le nègre — connaissant l'effet de la pression atmosphérique — part pour la plage, emportant sa courge pleine, l'extrémité effilée en bas, le renflement dans la main, le pouce étant appliqué sur son ouverture. De cette façon pas une goutte de liquide ne sort.

Arrivé à destination, il commence par satisfaire la nature ; puis, se mettant à genoux il courbe le tronc en avant, jusqu'à ce que les épaules touchent presque le sol : l'instrument est introduit par la main droite là où il doit aller, et laissé en place. Le patient se courbe alors plus en avant encore, s'il le peut, et l'on peut voir la partie la plus charnue de son être, surmonté d'un petit ballon en son milieu, menaçant le ciel !............... L'instrument est retiré, le nègre reprend sa position primitive, et au bout d'un quart-d'heure, le lavement revient à la lumière. Tous, hommes et femmes, pratiquent cet usage, et généralement de grand matin.

Dans quelque cas la position est modifiée : si la plage forme un plan incliné, le nègre se couche sur le dos, de façon que les pieds soient dirigés vers le haut du talus. L'inclinaison est suffisante, paraît-il, pour que le lavement coule. Enfin, dernier détail, qu'on m'a certifié, mais que je donne pour ce qu'il m'a coûté, car je n'ai jamais été à même de le constater, il arrive, que pour certaines raisons que j'ignore, il soit utile que le lavement baigne une plus grande partie d'intestin. Alors, un voisin obligeant, un ami, un parent même, aide à la progression

Poires à l'avernment. p 38

Bords du Bandamma ou Lahou
Arrivé d'un village. p 17

du liquide pimenté, en soufflant à pleins poumons dans l'instrument !

Quant aux soins de propreté, ils sont pris à Grand-Bassam au moyen de deux épis de maïs, dont les grains sont enlevés. Quelle sensation agréable ça doit produire !! A Grand-Lahou, c'est pis encore : on se sert de petits morceaux de bois sec de 15 à 30 centimètres de long, que les noirs prennent soin après usage de planter dans le sable

Telle est l'histoire du lavement nègre, dont l'usage est tellement répandu, que jamais un noir ne va en route sans emporter avec lui au moins une canule et souvent deux.

De temps à autre, en attendant l'arrivée du *Faidherbe*,[1] nous prenions une pirogue, pour faire un tour sur la lagune ; nous en revenions avec quelque gibier, des iguanes, des tourterelles, des aigles pêcheurs ou d'autres denrées que nous avions achetées aux villages voisins, et qui venaient augmenter notre maigre ordinaire. Ces excursions agréables nous aidaient à patienter.

Enfin, le 9 février, le *Faidherbe* arriva de Grand-Bassam : il passa par la lagune et vint jeter l'ancre devant le poste. Nous allions donc songer à partir.

Cependant, il fut résolu que nous ferions le tour de la lagune de Grand-Lahou, dont le vrai nom est lagune de Loza. Un matin donc, nous nous mettons en route sous la protection de Tata, un nègre de Petit-Lahou, qui connaissait admirablement le fond.

Cette lagune de Loza fut explorée par nous, sur ce petit vapeur, le 13 février ; elle s'étend vers l'Ouest, sur une longueur d'environ 30 kil. et se bifurque bientôt à l'Ouest du poste, en donnant naissance à une petite branche, se terminant à Moyen-

1. Chaloupe à vapeur que la maison Verdier mit à notre disposition.

Lahou, où nous allions tuer des tourterelles, et à une autre branche beaucoup plus importante, et dirigée vers le Nord. C'est sur cette dernière que nous avançons prudemment.

Notre navigation s'effectua sans accidents ; la chaloupe à vapeur qui calait 1 mètre, put passer sans trop de difficultés, où nous l'indiquait Tata ; nous faisions d'ailleurs des sondages continuels.

Bientôt nous apercevons, sur la côte nord de la lagune, l'embouchure de la rivière Yocoboë, peu large mais profonde, et sur laquelle à quelque distance nous dit-on, se trouve, le village du même nom, qui serait le centre principal du commerce de l'huile de palme.

La lagune nous offre des irrégularités de contour sans nombre ; comme celle de Grand-Bassam, elle est entourée de forêts : la côte est en général peu élevée ; mais dans certains endroits, on trouve des massifs de grands arbres étagés les uns au-dessus des autres, et formant un joli tableau.

Cette lagune de Loza, est à mon sens, plus agréable à la vue que celle de Grand-Bassam. L'aspect est plus gai, et l'œil se complaît mieux à admirer cette belle nature, qui malgré son immensité n'invite pas à la mélancolie comme à Grand-Bassam. Il y a là, en un mot, un je ne sais quoi qui fait que, de deux paysages analogues, l'un est plus agréable à l'homme que l'autre.

Telle est du moins l'impression que j'ai ressentie en parcourant la lagune de Loza. Tout y est plus frais, plus vert ; la vie semble habiter là plutôt qu'à Grand-Bassam. Tout, jusqu'à l'étendue elle-même, qui pourtant d'ordinaire fatigue le voyageur en se déroulant devant ses yeux et en lui montrant combien il est encore éloigné du but, concourait au charme de notre excursion. Car, il faut le dire, nous avions l'intention de nous rendre à Petit-Lahou, dont nous étions beaucoup plus éloignés que nous ne le supposions.

Un massif d'arbres élevés attirait depuis longtemps notre attention, et, de loin, paraissait être l'extrémité de la lagune. Cependant, tandis que nous approchions, il était facile de constater que ce massif n'était qu'un cap ; et, passant près de lui, nous reconnûmes que les arbres qu'il portait étaient de superbes fromagers, ce qui fit naître le nom de « pointe des Fromagers ». Cette pointe, grâce à son élévation propre, et couronnée qu'elle est de cinq ou six arbres gigantesques, domine les environs.

Entre la pointe des Fromagers, et la rive nord, la lagune de Loza n'est plus qu'un détroit ; et, grande fut notre surprise, lorsque le traversant, une immense étendue d'eau s'offrit à nos yeux. Un lac que M. Armand estima avoir une lieue de large succédait à l'isthme, et, ses bords présentent des caps, qui d'un côté à l'autre semblent se répondre, limitant des anses plus ou moins profondes.

C'est dans une de ces échancrures que se trouve Loza, village aussi important que Yocoboë, nous dit-on ; mais nous filons directement sur Petit-Lahou, qui se trouve tout à l'extrémité de la lagune.

Les indigènes de ce village nous voient débarquer avec étonnement ; néanmoins la réception fut très cordiale. Après quelques minutes le roi se présenta à nous, sous un hangar qui lui servait de salle d'audience : nous nous posions en commerçants désirant fonder un établissement dans le pays. Au bout de quelques instants de conversation notre interlocuteur désigna deux des nombreux noirs qui se pressaient en foule autour de nous : ceux-ci disparurent mais revinrent bientôt avec un superbe canard et un régime de bananes. Puis, comme nous allions remonter sur notre vapeur, un pot de vin de palme nous fut apporté.

Si notre séjour à Petit-Lahou n'avait pas duré davantage

c'est que nous désirions rentrer au poste dans la même journée, et la distance à parcourir était considérable. Nous n'avions pas de temps à perdre. Notre retour s'effectua d'ailleurs sans incident jusqu'à deux kilomètres de Grand-Lahou; là nous touchâmes un banc de sable, et sans les noirs, tant ceux du vapeur que ceux qui passaient en pirogue, et qui se mirent tous à l'eau, comme la nuit arrivait vite, peut-être aurions-nous dû soit finir la route en pirogue, soit coucher sur le *Faidherbe.*

Telle fut notre reconnaissance de la lagune de Loza, beaucoup plus belle, probablement aussi beaucoup moins malsaine et moins vaseuse que celle de Grand-Bassam, et qu'il serait utile de réunir à notre poste douanier de Grand-Lahou, eu égard aux importants villages de Loza et de Yocoboë, qui, d'après les noirs, ont une certaine activité commerciale.

Un autre jour, j'allai rendre visite à un chef nommé Quassi, ou plutôt à sa case dont j'avais entendu parler comme belle construction. Cette case est en effet, fort belle, spacieuse, construite avec grand soin, avec de gros bambous, solides et régulièrement reliés entre eux. Il y a une différence du tout au tout avec les cases ordinaires, dont les bambous sont de toutes les grosseurs, de toutes les dimensions, et assemblés sans ordre.

On pénètre chez Quassi, par une longue salle où s'ouvrent de chaque côté cinq ou six fenêtres des appartements réservés aux femmes, et au fond de laquelle se trouve un petit appartement carré moins large. C'est là que se tiennent les habitants de la case. Sur les murs, d'argile en cet endroit, on voit très grossièrement représentés des steamers.

Un couloir conduit derrière cet appartement carré dans une autre salle, au milieu de laquelle est un massif de plantes plus ou moins mortes : on peut circuler autour de ce triste petit jardin, qui n'est autre que le jardin du fétiche, représenté par un paisible limaçon. La seule chose vraiment intéressante est l'existence de deux colonnes en bois, sculptées en hélice, en torsades ; ce travail a été fait avec un sabre.

Comme je l'ai dit plus haut, les vêtements, sont les mêmes qu'à Grand-Bassam ; Tous, hommes et femmes, portent une ceinture, large deux fois comme la main, qu'ils se passent entre les jambes et plusieurs fois autour de la taille ; en outre, presque tous ont un pagne qu'ils portent soit comme un manteau de sénateur romain, soit comme une robe, voire même en turban lorsqu'ils sont gênés dans leurs mouvements, pour pagayer par exemple.

Jusqu'à l'âge de sept ans, à peu près, les enfants des deux sexes sont complètement nus. À partir de cet âge, ils reçoivent une ceinture, et le port de ce vêtement si léger comporte aux yeux des noirs un caractère comparable à celui qu'à chez nous l'âge de la majorité. Mais il serait dès lors difficile de distinguer les petits garçons des petites filles s'ils n'avaient pas de caractère particulier : les petites filles portent au bas des reins une sorte de petit *strapontin*, bien peu volumineux en comparaison de celui dont s'ornent nos élégantes.

IV

**Départ de Grand-Lahou. — Navigation sur le Bandamma
ou Lahou. — Difficultés avec les habitants de Brou-brou. —
Barrages dans le fleuve. — Rapides.**

Enfin le 19 février, jour fixé pour notre départ de Grand-
Lahou, nous quittons le brigadier Jeannin ; une excursion faite
quelques jours plus tôt par M. Armand, nous avait appris que
le fleuve était navigable pour une chaloupe à vapeur calant
1 mètre, pendant la journée, c'est-à-dire jusqu'à Haouem.

Le petit vapeur devait remorquer deux pirogues, les plus
grandes du pays, appartenant, si j'ai bonne mémoire, à un chef
puissant nommé Amsa. Les bagages y furent en partie disposés :
quelques autres vinrent avec nous sur le *Faidherbe* ; nos six
Sénégalais s'installèrent dans les pirogues, qui sur les bagages,
qui à côté, et tout étant disposé nous prîmes congé de notre
hôte à 9 h. 1/2 du matin.

Quand au père François, il était comme interprète tout à fait
insuffisant ; déjà âgé, ramolli, bon à rien, il fut laissé à
Grand-Lahou, et remplacé par son frère Nana qui embarqua
avec nous.

Il nous fallut remonter la portion de lagune, située entre le poste et le fleuve Lahou : nous passons aisément une sorte de petite barre existant non loin de l'embouchure du fleuve, à l'endroit où il mêle ses eaux à celles de la lagune, et nous voilà dès lors naviguant sur le Lahou, qu'on appelle aussi Bandamma.

Ce fleuve est d'une largeur d'au moins 400 mètres au moment de se jeter dans l'Océan : il coule à pleins bords, paisible et majestueux, et le silence qui régnait autour de nous n'était troublé que par le bruit du petit vapeur et par les rires de nos Sénégalais.

Les deux rives du fleuve sont couvertes par la forêt : sur la rive gauche — par laquelle nous étions arrivés en venant de Kraffy et de Toucoussou, — les arbres sont encore peu élevés, la forêt peu épaisse ; mais, sur la rive droite, nous retrouvons pour les suivre encore pendant longtemps les grandes clairières plantées de rogniers, faisant suite à celles où nous allions chasser les bœufs.

Bientôt nous croisons sur la rive gauche, l'embouchure de cette suite de marigots, que nous avions traversés pour venir à Grand-Lahou : une heure plus tard, le sifflet du vapeur attire sur les bords la population d'un village, où nous avions l'intention de nous arrêter : nous apercevions, en effet, une plantation superbe de bananiers, et l'idée nous vint de nous procurer des fruits. En un clin-d'œil, toutes les pirogues amarrées au pied du village se remplirent de sauvages étonnés de nous voir.

Le lieutenant de Tavernost et Grisard se rendirent à terre en passant d'une pirogue sur l'autre, puis s'engagèrent dans un chemin montant et contourné conduisant au village. Ils furent suivis de Nana qui revint bientôt, portant précieusement une sorte de panier en forme de bouteille, fabriqué par les noirs et dans lequel ils conservent le sel. A mon tour je débarquai et retrouvai mes deux compagnons en pourparlers avec le roi assis à terre, et entouré d'un certain nombre de ses sujets dans la même posture.

Bientôt après nous continuons notre route ; mais déjà le fleuve était moins large, et ses bords avaient changé d'aspect. La forêt de rogniers avait fait place à une forêt sans clairières, où acajous, palmiers, rogniers, fromagers, croissent à l'envi ; les rives deviennent plus élevées à mesure qu'on monte davantage vers l'intérieur ; au lieu d'avoir de petites berges, nous avions maintenant des talus taillés à pic, tapissés parfois de buissons retombant dans l'eau, et au-dessus desquels s'élevaient deux murailles de verdure.

Nous pouvions contempler sur ce fleuve, un des plus beaux points de vue qu'il soit donné à l'homme de voir : fleuve majestueux, ciel inondé de lumière, végétation puissante. Le spectacle est grandiose et sombre tout à la fois ; et cette magnificence même, unie au calme et à l'immensité, est le plus bel éloge du Créateur : malgré lui, l'homme porte sa pensée vers la main suprême qui créa tant de choses, et dont la puissance se montre avec plus d'évidence peut-être, quand on considère avec attention un coin du monde, que quand on embrasse d'un regard d'ensemble, le monde tout entier.

Que nous devions paraître peu dans notre petit bateau, sur ce large fleuve et dans cette immense forêt !

De loin en loin, un village nous est signalé par la présence de pirogues amarrées au rivage ; à part cela, les arbres succèdent aux arbres sans discontinuer ; tout est verdure en ce pays. Les arbres morts eux-mêmes, comme pour ne point faire tache au milieu des autres, empruntent leur verdure aux lianes, qui, il faut le dire, ne sont pas une des moindres beautés du paysage. Ces milles plantes grimpantes s'entortillent autour des arbres même les plus élevés, les poursuivant jusqu'à l'extrémité de leurs branches, et de là retombent en guirlandes vers le sol, ou s'accrochent aux arbres voisins qu'elles enserrent ainsi dans leurs spirales, formant des bosquets naturels qui n'ont rien à envier à ceux qu'a produits la main de l'homme. Souvent l'arbre meurt étouffé par son parasite qui lui substitue sa verdure ; d'autres fois les lianes forment avec les troncs d'arbres morts des pyramides et des colonnes de verdure, qui charment l'œil et produisent un effet auquel nous sommes peu habitués dans nos forêts.

Deux fois encore nous stoppons avant d'arriver à destination. D'abord dans un village, dont le roi visité quelques jours plus tôt par M. Armand, avait le désir de me consulter sur son état de santé. Il avait décrit sa maladie au lieutenant qui me mit au courant de la situation. Je n'allais pas bien entendu, dilapider notre pharmacie pour un roi nègre, que d'ailleurs je ne devais voir qu'en passant et qui n'était pas très malade. Aussi je lui confectionnai une potion, qui d'ailleurs remplissait je dois le dire, une indication chez mon royal malade : je lui fis boire un litre d'eau de mer, dans laquelle j'avais incorporé une grande quantité de poivre avec le jus de plusieurs citrons pour aromatiser. Quand je lui présentai ma drogue il voulut m'y faire goûter ; mais je déléguai mes pouvoirs à un nègre qui se trouvait là, et m'en allai, en recommandant à mon patient de ne commencer le traitement que le lendemain. Je craignais en effet que le monarque en buvant ma potion, n'éprouvât pour moi un autre sentiment que celui de la reconnaissance.

Plus loin, je descendis avec M. Armand dans un village dont le roi nous accueillit fort bien. Un des assistants à la réception qui avait lieu sous un hangar, arriva bientôt avec une bouteille bordelaise, cachet rouge ! J'étais très intrigué. Le roi se trouvait dans un embarras cruel, car il n'avait pas de tire-bouchon.

Arrivée du village d'Hasnem. p. 49

Heureusement j'étais là ; je me servis de celui qui ne me quitte jamais et profitai de l'occasion pour sentir quelle était cette liqueur. C'était une macération de clou de girofle dans l'alcool. Ce produit est fabriqué en Europe, tout exprès pour les sauvages.

Si ceux-ci, nous jugent d'après cet échantillon, gare à nous !

Notre course se poursuit sans incident autre que la rencontre de plusieurs caïmans de grande taille, et d'un hippopotame qui prenait ses ébats au milieu du fleuve.

Vers quatre heures de l'après-midi nous étions arrivés à Haouem, c'est-à-dire à l'endroit où le fleuve cessait d'être navigable pour notre vapeur. Ce village est situé à cinq ou six mètres environ au-dessus du niveau du fleuve et on y accède par un sentier en pente aboutissant à un gros arbre et dont le terrain argileux détrempé par la pluie, ce jour là, était très glissant.

Le chef nous reçoit amicalement : il met à notre disposition une case ronde analogue à celles que nous trouverons à Tiassalé ; nos Sénégalais s'installent dans la cour intérieure de la hutte et se mettent en devoir de préparer la cuisine ; les noirs nous fournissent une poule, des ignames, des bananes et un chevreau, que Grisard et moi nous nous occupons de faire rôtir. La nuit se passa tant bien que mal dans notre case et le lendemain matin à huit heures et demie nous nous préparons à partir. Nous voyageons en pirogue toute la journée, nous étant seulement arrêtés dans un village, et le soir nous abordons à Brou-Brou.

Les indigènes fuient à notre approche ce qui nous mettait dans l'impossibilité d'avoir des provisions. — Les deux lieutenants s'avancent dans le village afin de calmer la terreur que nous inspirions sans le vouloir, tandis que je reste près des pirogues surveillant nos bagages et surtout nos Sénégalais, qui n'avaient que trop de tendance à agir partout comme chez eux.

Enfin le chef de Brou-Brou revient et consent à nous donner de quoi manger.

Nous nous disposons aussitôt à apprêter un maigre repas, car le monarque se montrait parcimonieux ; une provision de bois dans une case peu éloignée fut mise à notre disposition ; on nous apporta du feu, mais, comme les indigènes ont la sotte habitude de ne brûler que des morceaux de bois énormes et font de la sorte un feu si peu ardent qu'ils mettent plusieurs heures à cuire un aliment que nous cuisons en vingt minutes, il nous fallut glaner du menu bois aux environs. Des branchages secs ramassés dans la forêt voisine furent disposés sur deux foyers ; néanmoins, je ne me souviens pas avoir jamais eu tant de mal à allumer du feu ; je brûlai sans succès la moitié d'une boîte de ma provision personnelle d'allumettes.

Cependant notre dîner se mit à cuire ; les habitants de Brou-Brou moins effrayés s'approchèrent peu à peu et bientôt furent en grand nombre rangés sur le sommet d'une espèce de petite falaise dominant la berge du fleuve où nous avions décidé de camper pour la nuit. — Pour arriver au village qu'on ne pouvait apercevoir d'où nous étions, il fallait monter sur la hauteur, soit par un sentier abrupt très peu praticable, soit par un chemin qui la contournait en s'enfonçant vers les bois. A l'endroit où nous étions installés la berge était assez large ; mais elle ne tardait pas à se terminer en pointe pour se confondre avec un amas de rochers énormes formant un barrage complet au beau milieu du fleuve.

Sans tarder, nos lits de camp furent dressés au grand ébahissement des esclaves qui peu-à-peu s'étaient enhardis et étaient devenus d'une promiscuité gênante : ils se promenaient en tous sens à travers notre campement ; un objet n'était pas mis en place, qu'aussitôt ils ne s'approchassent pour l'examiner et au besoin le toucher, le déranger et probablement l'égarer,

Arrivée au village de
Brou-Brou
sur les rives du Lahou p 50

si nous ne les avions surveillés d'autant plus près, qu'à nos yeux, dans les conditions où nous nous trouvions, tout objet égaré pouvait être considéré comme perdu et difficile à remplacer. L'un de nous avait beau, de temps en temps, faire éloigner ces indiscrets, ils reculaient d'un pas pour avancer de deux et ils ne se décidèrent à disparaître que quand ils nous virent couchés, non pas toutefois sans être restés encore un instant comme pour s'assurer que nous n'allions plus rien faire qui pût les intéresser.

Nos Sénégalais reposèrent non loin de nous près de nos bagages autour d'un feu qu'ils entretinrent toute la nuit ; quant à moi, fatigué par les sept heures de pirogue que nous avions faites dans la journée, je ne tardai pas à m'endormir.

Le lendemain dès la première heure, comme partout d'ailleurs, les femmes arrivèrent puiser de l'eau qu'elles emportent dans de grands vases sphériques placés sur leurs têtes. Nous plions bagage pensant bientôt partir. Les deux lieutenants se rendent près du bressou (chef-roi) afin de tâter sa générosité au point de vue des vivres et pour lui demander des pagayeurs, puisque les noirs ne veulent aller que d'un village à l'autre. Un palabre (discussion) s'engage alors, mais un palabre d'une longueur dont je me souviendrai longtemps ; cette longue durée fut compensée par une bonne nouvelle que m'apprit un porteur nommé Quassi : un veau nous était cédé. Je fis préparer du feu, et l'infortuné animal fut tué, cuit et mangé sur le champ.

Nous n'avions plus rien à faire à Brou-Brou : il fallait partir et se hâter car la matinée était écoulée. Mais une aventure nous arriva. Quand il s'agit de payer les pagayeurs qui nous avaient amenés, ceux-ci réclamèrent plus qu'il ne leur était dû et sur le refus qui leur fut adressé ils se répandirent dans le village, racontant l'histoire à leur façon dans le dessein de nous empê-cher de trouver des hommes pour nous conduire plus loin.

Force fut bien de les payer plus cher, mais après avoir palabré pour calmer les réclamants, il fallut palabrer pour trouver d'autres pagayeurs et de palabre en palabre à deux heures de l'après-midi nous étions encore là : il faisait une chaleur accablante, et moi, qui n'avais autre chose à faire qu'à me morfondre en attendant la fin des discussions, je cuisais au soleil.

Les difficultés étant applanies nous quittâmes le pays ; mais, comme si tout eut voulu nous ralentir, ce fut la route elle-même qui s'opposa à la rapidité de notre marche. Un barrage considérable obstrue la rivière d'un bord à l'autre en sortant de Brou-Brou. C'est un amas de rochers noirâtres, volcaniques, généralement assez peu élevés au-dessus de l'eau, massés les uns près des autres, et ne laissant à l'eau qu'un étroit passage si peu praticable qu'on est obligé de décharger presque complètement les pirogues. Vers le milieu de son étendue le barrage s'enfonce dans la rivière et laisse arriver les eaux formant çà et là de superbes vasques invitant à s'y baigner ; mais bientôt il se relève : sa longueur est d'au moins 100 mètres et il ne disparaît que peu à peu, car s'il commence brusquement du côté de Brou-Brou, de l'autre côté il pousse des sortes de contreforts qui s'avancent plus ou moins loin.

Il fallut donc transborder les bagages par-dessus le barrage pour faire passer les pirogues à vide et tout ce travail nous retint longtemps en cet endroit. Autant notre navigation avait été facile, sinon rapide, autant elle allait devenir lente et difficile. — Nous trouvons d'abord un petit rapide que nous passons aisément, mais la rivière est désormais très peu profonde ; à peine le fond est-il à un pied ; presque constamment de nos pirogues nous pouvions distinguer les petites pierres sur le sable. Aussi arrivait-il très souvent — dans certains endroits tous les 200 ou 300 mètres — qu'un banc de sable plus élevé soulevait la pirogue qui s'arrêtait net dans sa course : impossible d'avancer. Les noirs, forcés de descendre dans l'eau jusqu'à mi-jambe, soulevaient notre embarcation qu'ils plaçaient dans un endroit plus navigable ; et quelquefois, à peine étaient-ils remontés qu'un nouveau banc de sable ou même un rocher arrivant à fleur d'eau nous soulevait encore, de sorte que nous nous trouvions suspendus comme un fléau de balance — situation d'ailleurs peu poétique — jusqu'à ce que les noirs aient trouvé un endroit plus propice à la navigation.

Il arrivait même que certains bancs étaient assez étendus pour qu'il fut nécessaire de faire glisser sur le sable la pirogue qui n'était plus que dans quelques centimètres d'eau.

Vers 5 heures du soir nous arrivons au village d'Haua, où il fut décidé que nous passerions la nuit.

Ce village, comme tous les autres, est caché à la vue et situé au milieu de la forêt à un coude formé par le fleuve. Le chemin qui y conduit monte à travers les bois et a environ 200 mètres de long. Haua ne paraît pas important, si l'on en juge par le petit nombre de pirogues amarrées au rivage. A gauche, en arrivant sur une espèce de place, existe un cirque naturel peu étendu, en pleine forêt, à quelques pas des premières cases du village : nous le choisissons pour nous installer. Nous étions là parfaitement isolés, tranquilles, non loin de nos pirogues et moins en butte à la curiosité des indigènes.

Je m'occupe à préparer du thé, à filtrer de l'eau et à en faire bouillir, tandis que les Sénégalais déballent la batterie de cuisine. Benjamin creuse des fourneaux et les lieutenants demandent le chef. Les habitants un peu épouvantés à notre arrivée reviennent bientôt avec leur roi, homme jeune et à la physionomie fort intelligente. Il nous reçoit d'une façon très affable et se montre empressé près de nous, vient voir notre installation posant de nombreuses questions à Nana. Nous nous donnons toujours comme des commerçants ; mais, le roi en homme avisé demande à voir des échantillons de nos marchandises ; on lui en montre ; il les examine, puis se retire en donnant des ordres pour qu'on nous apporte ce dont nous avions besoin : des poules, du bois, du feu, du vin de palme en assez grande quantité nous sont fournis ; puis, tandis que nous finissions notre repas, le roi revient de nouveau nous visiter et semble s'informer si rien ne nous faisait défaut.

Pendant que mon eau filtrait, que mon thé se faisait et que je surveillais le vin de palme, pour qu'il ne fut pas bu par quelque visiteur, je prenais des notes : les noirs, assez nombreux à l'entrée de notre petit cirque, restent stupéfaits en me voyant écrire et considèrent avec attention les caractères que mon crayon traçait sur le papier.

Cependant nos lits sont dressés sur le lieu du festin qui fut assez gai et nous dormons tranquillement jusqu'au lendemain : à sept heures du matin nous quittions Haua.

L'aspect du fleuve se modifie de plus en plus. Partout maintenant nous trouvons des rochers. Bien souvent nous sommes quittes pour passer à côté ; mais, souvent aussi ils dérangent le cours des eaux et forment des rapides dont quelques-uns sont assez dangereux à traverser. Dès qu'ils apercevaient un de ces passages difficiles nos pagayeurs cessaient de ramer et tous, regardant ces écueils qu'il faudrait éviter tout-à-l'heure, semblaient se recueillir et réserver leurs forces pour le moment critique : puis, s'excitant les uns les autres par des cris, ils pagayaient avec vitesse se tenant prêts à amortir les chocs de la pirogue en arc-boutant leurs pagayes ou leurs gaffes contre les rochers : quelquefois cependant nous accrochions, et au milieu des eaux roulant avec violence et jaillissant de pierre en pierre, la pirogue était là comme incrustée et d'autant plus immobile qu'elle s'était engagée avec une vitesse

Baguette
de tambour
Ciassalé-tambour
p. 74
pagayes. p. 54

plus grande entre ces rochers qui semblaient ne plus vouloir la laisser partir.

Si la navigation grâce à ces écueils y perd en sécurité, par contre le coup d'œil y gagne en pittoresque ; d'autant plus que de temps en temps nous trouvions des îles généralement peu étendues mais qui viennent augmenter les charmes du paysage.

Ce jour-là en particulier nous avons rencontré une île assez grande relativement aux autres : nous dûmes renoncer à passer du côté où nous nous étions d'abord engagés à cause des bancs et des roches. Il fallut rebrousser chemin et prendre de l'autre côté ; la rivière en cet endroit se trouve très rétrécie, et les arbres de l'île et ceux du continent tendent à former une voûte de verdure au-dessus de nos têtes ; dans ce lieu sombre, protégé contre les ardeurs du soleil, venaient reposer des cigognes et des hérons qui s'enfuirent à notre approche.

Au sortir de ce bras rétréci du fleuve on retrouve la nature sauvage dans toute l'acception du mot. L'île se continue par des rochers s'étendant assez loin et provoquant des courants dans tous les sens ; les rives du fleuve sont toujours recouvertes de cette belle forêt dont les arbres fleuris nous envoient parfois leurs senteurs exquises et du milieu de laquelle tombent les arbres morts venant enchevêtrer dans le fleuve leurs rameaux desséchés, servant de perchoir aux rares oiseaux du pays ou même de lieu de repos aux caïmans.

Mais nous voici en face d'un nouveau barrage. Il n'était ni aussi large, ni aussi élevé que celui de Brou-Brou, mais les pierres transformaient le fleuve en une multitude de petits rapides trop étroits même pour des pirogues. Il en était cependant deux, plus considérables que les autres, séparés par un massif de roches assez élevées et qui furent choisis par nos pagayeurs comme lieux de passage.

Depuis quelque temps déjà la profondeur du fleuve n'existait pour ainsi dire pas ; nos pirogues allaient de rocher en rocher, penchant à droite, penchant à gauche — ce qui n'avait qu'un charme tout relatif — si bien que nos hommes se mirent à l'eau de chaque côté des embarcations qu'ils dirigeaient avec les mains beaucoup plus aisément qu'avec leurs pagayes. Nous arrivons aux rapides, dont j'ai parlé tout-à-l'heure, qui étaient disposés comme des escaliers que la pirogue devait gravir. Le passage rendu pénible, et par la force du courant contraire et par la disposition des roches, s'effectua plus rapidement que je ne l'aurais supposé. Debout dans ma pirogue, ayant à la main un long bambou que j'arc-boutais sur les roches voisines, je joignais mes efforts à ceux des noirs qui, pataugeant dans l'eau, se trouvaient presque tous en arrière s'efforçant de soulever et de pousser l'embarcation pour lui faire dépasser le sommet de l'obstacle.

Tout se passa bien, et nous nous trouvons de nouveau sur une eau calme ; nous étions éloignés de Tiassalé d'environ deux kilomètres que les noirs nous firent parcourir avec une lenteur désespérante, cependant vers 11 heures du matin nous arrivions dans ce village.

V

Arrivée à Tiassalé. — Campement.
Un palabre. — Signe de l'amitié. — Politesse de mon voisin noir.
Les fourmis. — La chasse en ce pays.
Habitations. — Manière de compter les jours et les mois, les heures.
Un bain de pieds royal. — Tamtam.
Inquiétudes au sujet de M. Armand. — Révolution de Dabou.
Retour à Grand-Lahou.

Les deux rives du fleuve s'abaissent brusquement sur deux points opposés l'un à l'autre. Nous abordons sur la rive droite dans une sorte de tranchée qui me parut être le lit d'un torrent. Les arbres de la forêt forment une voûte épaisse au-dessus de ce chemin creux et ce n'est qu'au bout de 200 mètres au moins qu'apparaît Tiassalé.

A notre arrivée nous trouvâmes un village presque abandonné : les habitants, leur chef en tête, voyant venir des blancs alors qu'ils n'en avaient jamais vu, s'enfuirent dans la brousse : le roi nous fit dire qu'il était malade et qu'il ne pouvait nous recevoir. Force nous fut donc de camper et de décharger nos ballots sur le bord du fleuve, dans le lit du torrent ; mais bientôt le chef rassuré nous fit savoir qu'une case était mise à notre disposition et tout notre matériel y fut transporté. Les deux lieutenants couchèrent dans la case : avec Grisard je préférai coucher en plein air au lieu même du débarquement.

Cependant les noirs nous amenèrent un veau de belle apparence. Karamo-Soco, musulman fanatique, qui refusait toute nourriture lorsque les animaux n'avaient pas été tués suivant les règles du Coran se chargea de l'égorger. La tête revint de droit au roi ; quant aux intestins et aux autres parties non utilisables les noirs se précipitèrent positivement dessus pour les prendre. Peu s'en fallut qu'une bataille ne s'engageât, chacun tirant de son côté finit cependant par en avoir un morceau ; mais ils les laissèrent traîner partout, ce qui, avec la chaleur du pays, ne tarda pas à nous empester.

Dès le lendemain matin, lundi 23, MM. Armand et Grisard nous quittèrent pour se rendre à Dabou chercher un interprète, car la défection de Nana, qui déclara vouloir nous laisser, était considérée par mes compagnons comme un obstacle insurmontable à la continuation du voyage. — Peut-être, cependant, aurions-nous pu marcher sans interprète pendant trois jours : après quoi, nous eussions été chez les Bambaras, où, grâce à nos Sénégalais nous aurions été compris.

Tiassalé, comme on va le voir se trouva être ainsi notre limite extrême par suite des évènements qui se produisirent, évènements que nous aurions laissés derrière nous dans notre marche en avant.

Quoiqu'il en soit, pendant que nos deux compagnons se dirigent à marche forcée sur Dabou, nous nous mettons en mesure, M. de Tavernost et moi, de transporter notre campement ailleurs que sur le rivage du Lahou.

L'humidité extrême de cet endroit et les odeurs désagréables et malsaines qu'exhalaient les entrailles du veau éparpillées çà et là nous décidèrent à déménager.

Notre Campement à Tiassalé — p. 59

A l'est du village tout-à-fait en dehors des cases, sur le chemin qui entoure Tiassalé, se trouvait un gros arbre sous les branches duquel nous résolûmes d'installer notre campement ; d'après nos Sénégalais cet arbre était un Doubalé : il présentait un aspect bizarre qui attira mon attention ; ses feuilles du côté du village étaient totalement différentes de celles qui regardaient la partie de la forêt qui nous séparait du fleuve. Je cherchai avec le lieutenant à me rendre compte de ce phénomène et nous en trouvâmes l'explication dans ce fait, que du côté du village une liane puissante enserrait le tronc de l'arbre et avait acquis une hauteur et un développement assez considérables pour pouvoir lui substituer ses branches et son feuillage.

Nos bagages furent transportés sous le Doubalé, ce qui formalisa le roi : il nous fit demander pourquoi nous quittions ainsi la case qu'il nous avait concédée. Nana qui ne devait nous quitter qu'au retour de MM. Armand et Grisard, lui répondit que nous avions l'intention d'y passer les nuits, ce qui suffit à le satisfaire.

Une toile de bâche fut accrochée à une branche de l'arbre ; des piquets fichés dans le sol tout autour servirent à la tendre, et nos ballots furent mis en un monceau près de nous. Nous nous servions comme table d'une pirogue renversée qui se trouvait là, mais bientôt elle nous fut prise et nous la remplaçâmes par une planche établie sur des cantines. Peu à peu les naturels s'habituèrent à nous voir, et vinrent la journée entière nous regarder avec étonnement ; si bien qu'il nous fallut disposer des cantines autour de notre campement, de façon à circonscrire un espace à nous réservé. Mais la terreur du premier moment, fit rapidement place chez les nègres à une curiosité, voire même à une familiarité avec nous, qui n'était pas sans nous causer quelque inquiétude, le respect du bien d'autrui étant sur le continent noir, une vertu assez généralement inconnue.

Notre ceinture de malles, ne suffisant plus à maintenir les curieux, une corde et des lianes furent tendues sur de petits piquets plantés tout exprès, et encore fallait-il souvent mettre le holà et faire éloigner des visiteurs gênants.

A peine commencions-nous à être installés que le roi, définitivement revenu de sa peur, nous fit prévenir qu'il était disposé à nous recevoir. Aussitôt le lieutenant et moi, déférant au désir de sa majesté noire, nous nous rendîmes sans enthousiasme au palabre. Je dis « sans enthousiasme » car nous savions combien ces entrevues royales, qui peuvent être intéressantes entre civilisés, sont longues et fastidieuses quand on se trouve en tête-à-tête avec un roi nègre. Deux Sénégalais nous suivaient avec nos pliants jusqu'au lieu de réception, j'allais dire de supplice.

Dans la rue principale de Tiassalé il existe, face à face, deux hangars, non loin de la case royale. Sous l'un deux était assis le roi, entouré des personnages haut placés du royaume, — du moins je le suppose. Ce monarque, nommé Akin, se faisait remarquer par sa coiffure extraordinaire, sorte de chapeau dont la forme rappelait celle d'un chapeau de garçon de banque, et qui se composait, comme un damier, d'un grand nombre de petits carrés de couleurs diverses, bleus, blancs, violets, rouges.

On nous fit diriger vers l'autre hangar, également rempli de monde : mais là se trouvait le peuple. Nous fûmes placés au premier rang, et la réception officielle commença.

Je ferai grâce à mes lecteurs, de la conversation qui s'engagea et qui traita de nos intentions pacifiques, de notre désir de faire du commerce, de rendre ce roi un ami de la France, etc... etc... Je ne signalerai qu'une cérémonie à laquelle je n'ai rien compris tant que l'explication me fit défaut. Nana, qui se tenait au

Rue principale du village de Tiassalé. — La dernière case à gauche, derrière l'arbre, est la case royale. p. 60.

milieu de la rue allait d'un hangar à l'autre pour interpréter nos discours, lorsque je le vis se baisser à terre, tracer sur le sol avec le doigt un carré et ses deux diagonales, en faisant un petit trou à l'intersection de celles-ci et aux angles du carré : il prit du sable dans ces petits trous et se dirigea vers le roi, puis il revint vers nous, toujours avec son sable, nous fit étendre la main, la saupoudra, et enfin nous expliqua que cette étrange coutume était un signe d'amitié ??...

J'attendais patiemment la fin du palabre, lorsqu'une main nègre s'abattit violemment sur ma cuisse. Brusquement rappelé à la réalité j'allais m'enquérir de ce que pouvait bien me vouloir mon voisin ; mais les nègres qui m'entouraient, s'étant mis à rire, sans doute de ma surprise, pour une chose qui leur semblait toute naturelle, je restai coi, lorsque je reçus dans le dos une seconde taloche aussi bien conditionnée que la première.

Il n'y avait certes pas là de quoi me fâcher, et, comme d'autre part il était indiqué de ne pas nuire aux bonnes relations qui commençaient entre cette peuplade et nous, je me pris à rire avec les autres, tout en examinant si j'étais le seul à être battu, et si par hasard, ce n'était point là une marque d'estime dont je devrais être grandement honoré. J'acquis bientôt la conviction que c'était une marque de politesse, et que, en me frappant ainsi, les noirs n'avaient d'autre but que de tuer les taons qui poussaient l'impudence jusqu'à se poser sur mon vêtement. A chaque instant, en effet, on entendait des claques sonores auxquelles je n'avais pas fait attention, et qui étaient dues à la vigueur que ces hommes polis mettaient à écraser les mouches sur leurs torses nus.

Nous rentrons enfin chez nous heureux de pouvoir nous rafraîchir, car à 5 h. du soir la température était encore de 44° centigrades. Fort heureusement à quelque mètres de notre campement, se trouvaient deux orangers magnifiques et un citronnier chargés de fruits. Ces arbres qui chez nous ne sont que des arbustes, croissent là en toute liberté, sans culture, et acquièrent la taille de nos arbres fruitiers. Les fruits étaient superbes ; mais nous n'avions à notre disposition que des oranges amères, qui nous étaient cependant fort utiles et nous servaient à faire des limonades rudimentaires bien entendu.

Le lendemain 24 février rien de nouveau, si ce n'est une découverte fort désagréable par laquelle commença la journée. Nous étions dévorés par les fourmis. On en trouvait partout et pour tous les goûts comme dans la chanson ; de petites noires, de grosses rouges énormes, d'autres noires aussi mais microscopiques, et dont la piqûre était pour ainsi dire en raison inverse de la taille : je n'ai jamais senti piqûre de fourmi plus cuisante que celle-là. Il ne nous manquait que les termites, ou fourmis blanches, pour que la collection fut complète. Que le lecteur veuille bien croire que ce n'est pas un regret que j'exprime ; c'est un fait que je constate. Nous avions déjà assez d'ennemis sans désirer les voir s'augmenter encore.

Or donc, le 24 au matin, notre campement était rempli de fourmis. Non servi encore par l'expérience du malheur, j'avais eu l'imprudence de laisser pendant la nuit, sur la pirogue renversée qui nous servait de table, ma veste de toile. Ayant voulu la changer de place, des milliers de fourmis s'en échappèrent courant dans tous les sens et sortant surtout de l'une des poches. J'allai voir aussitôt ce qui les avait attirés par là et j'en retirai ma blague, ma pauvre blague à tabac, une modeste vessie de porc, percée de mille ouvertures, mais surtout rongée dans sa partie supérieure. Au lieu de la coulisse qui me servait à la fermer, j'avais une dentelure fine et délicate fort jolie sans doute à voir, mais qui dans le moment me sembla parfaitement inutile. Mais tout n'était pas fini : une caisse, qui nous servait à ramasser la viande, était envahie par de grosses fourmis rouges qui au désagrément causé par leur présence et leur voracité, joignaient une odeur infecte qui ne disparaissait qu'incomplètement de nos aliments, même après la cuisson.

A partir de ce moment ce fut une guerre continuelle entre les fourmis et nous, et une partie de notre temps était employée à donner des chiquenaudes sur nos vêtements pour nous défaire de ces embarrassantes voisines. Presque tous les matins le campement était traversé par des bandes de fourmis. Ni la cendre chaude, ni l'eau bouillante ne nous en rendaient maîtres : au contraire, car elles s'éparpillaient partout et durant une heure ou deux, quelquefois plus, nous ne savions que devenir ; il était bien préférable de les laisser tranquilles. La bande continuait sa migration, et au bout de quelques instants tout était disparu. Il m'est arrivé maintes fois de voir pendant 30 ou 40 mètres et même plus, des fourmis par bandes larges comme la main pressées les unes contre les autres, de telle sorte qu'on aurait dit un ruban noir ou une traînée d'encre.

Il nous fallut demander au roi, qu'il nous fournit de quoi vivre. Il nous accorda un chevreau, en échange duquel il reçut du lieutenant quelque cadeaux qu'il jugea insuffisants. Ce chevreau, d'ailleurs maigre et petit ne valait pas cher : aussi je vous laisse à penser s'il dura longtemps, étant donné que tous nos Sénégalais se nourrissaient dessus. Force fut donc le jour suivant d'avoir de nouveau recours au roi ; mais il fit mauvais accueil à notre demande : il arguait de mille prétextes pour expliquer la difficulté de nous procurer des vivres et le prix élevé auquel il voulait nous les céder. A partir de ce jour ce furent des difficultés très grandes, chaque fois qu'il s'agissait de nous vendre quelque animal, et il ne voulut plus être payé que le jour où nous quitterions Tiassalé.

Néanmoins il nous envoie ce jour-là un poulet étique comme

tous les poulets du pays ; mais le soir n'ayant rien à nous mettre sous la dent, et réservant nos conserves pour des circonstances plus dures, nous dûmes nous contenter de riz cuit à l'eau et assaisonné d'un peu de graisse.

Dans la journée, prévoyant ce maigre menu pour le soir, je partis à la chasse dans la forêt. Je ne croyais certes pas être aussi désappointé. Accompagné de Mahmadou-Siré, je traversai une partie du village et tombai dans un étroit sentier que j'espérais voir bientôt finir, mais qui au contraire, se continue peut-être fort loin, car je marchai longtemps sans en voir la fin. De chaque côté de ce sentier, où les noirs suivant leur coutume marchent en file indienne, de chaque côté, dis-je, est la forêt épaisse, touffue, impénétrable. La chasse y est impossible ; pas un seul instant je n'ai songé à m'engager dans ce fouillis, et y eussé-je réussi, que limité de tous côtés dans mes mouvements, je n'aurais pu tirer un coup de fusil. J'étais obligé de rester dans mon sentier, ne trouvant pas de clairières autres que celles qui résultaient des palmiers abattus par les indigènes pour la fabrication du vin de palme. Pas la moindre pièce de gibier n'apparut. Aussi après avoir contourné des enclos dans lesquels les bananiers sont cultivés, je rentrai ni plus ni moins chargé que j'étais parti ; quelques instants après mon arrivée au campement, le lieutenant tua un épervier et moi un calao que nos hommes mangèrent.

Nous vivions fort tranquilles : souvent quelques-uns de nos visiteurs arrivaient les uns avec des ananas, les autres avec des bananes ou des papayes, qu'ils nous cédaient contre une demi-feuille de tabac. Ce jour-là, toutefois, M. de Tavernost ne leur fut pas reconnaissant de leurs offres aimables, car il leur fit une mauvaise farce, dont il fut d'ailleurs la première victime. Cinq ou six indigènes se trouvaient là, avec un habitant du voisinage que nous avons toujours considéré comme le sorcier de l'endroit. Sachant que l'alcool importé d'Europe en Afrique, et quel alcool! passait dans les gosiers nègres avec une facilité surprenante, le lieutenant versa dans un verre, un peu d'eau de Cologne venant en ligne directe du Bon Marché!!! Ils y goutèrent tous, firent bien un peu la grimace, mais néanmoins avalèrent à notre grande joie. Le malheur fut que M. de Tavernost suivant l'usage du pays, ayant dû boire le premier, eut la bouche en feu pendant plusieurs heures. Je ne sais si les nègres crurent que nous nous étions joués d'eux, mais ils se retirèrent en nous laissant comprendre par leur jeu de physionomie, que le breuvage qui venait de leur être présenté, n'était pas merveilleux au goût.

Le soir, le lieutenant alla dans la case digérer notre frugal dîner; je restai suivant mon habitude à coucher au campement et je m'endormis d'un sommeil si profond, comme toujours, que je n'entendis pas le vent et la petite pluie qui annonçaient une tornade. Je fus réveillé par M. de Tavernost qui entendant pleuvoir était venu et qui fut très surpris de voir que je dormais encore. Bientôt la tornade éclata et je dus fuir vers la case avec mon lit. A partir de ce jour, dans la crainte de pareille aventure je ne couchai plus dehors.

Nos Sénégalais ayant mangé avec plaisir le calao que j'avais tué, nous décidâmes de nous réserver le prochain. Chaque jour il en venait plusieurs se percher sur les arbres du voisinage et justement ce jour-là, le 26, M. de Tavernost eut l'occasion d'en abattre un. Cet oiseau est un peu plus gros qu'une pie, fort laid, et de forme et de couleur: son plumage noir et blanc le fait paraître beaucoup plus gros qu'il n'est en réalité ; ce qu'il a de remarquable est son bec qui est gris jaunâtre, arqué, et surtout énorme; il est à lui seul plus gros que la tête de l'oiseau et d'un aspect fort disgracieux: le principal pour nous, fut que nous avions là un excellent manger.

Malheureusement les calaos n'étaient pas aussi nombreux que nous l'aurions désiré, et nos menus, étaient fort primitifs. Néanmoins, je me faisais assez bien à cette pauvreté, en songeant que beaucoup d'autres étaient certainement envieux du peu que m'accordait la Providence. Ce n'est pas à dire qu'un dîner plantureux et succulent, m'eut laissé insensible ; mais, habitué suivant le conseil de l'Evangile à prendre ce qui m'est offert, je vivais maigrement sur l'espérance de jours meilleurs, et ne songeais nullement à me plaindre.

Et d'ailleurs, de quoi me serais-je plaint ? Le 28, la munificence royale se manifesta à nous, par l'apparition d'un mouton d'une maigreur telle, que je ne crois pas en avoir quelquefois vu une plus grande. Le plus regrettable de la chose, était que nous n'avions pas le choix. — Le malheureux mouton fut aussitôt dépecé : je me souviens très bien avoir attisé le fourneau, et surveillé le pot-au-feu, — un pot-au-feu de mouton maigre !!!! — qui nous donna un triste bouillon. Ah ! bouillon du collège que tu étais loin !

La journée se passa sans incident, si ce n'est la présence sur le tronc de l'arbre qui nous abritait, d'un petit serpent, qui inspira une grande terreur aux nègres qui se trouvaient là.

Intrigué de les voir fuir ainsi, sans motif apparent, j'allai, et l'on me montra un serpent gris, très difficile à voir, sa couleur se confondant exactement avec celle des branches. Je criai au lieutenant d'apporter son fusil : quelques instants plus tard, nous pouvions sans danger examiner ce reptile, dont la grosseur maxima n'atteignait pas celle d'un pouce d'adulte : il avait 90 centimèt. de longueur et était d'une couleur grise avec quelques raies noires latérales obliques, peu accusées. Sa tête petite était d'un vert tendre fort joli. Ce serpent au dire des indigènes, était des plus dangereux. Un jour déjà, en venant à

Tiassalé, j'avais eu l'occasion de voir de ma pirogue, un serpent identique, sortant de l'eau pour gagner les bois.

Une surprise d'un genre tout particulier, nous était réservée par notre bonne fée pour le lendemain. Ce jour là, qui était le dimanche 1er mars, ennuyés de n'avoir que si peu de nourriture, et de voir que nos demandes paraissaient désagréables au chef, nous nous fîmes conduire à la chasse. J'avais, paraît-il, dans mon excursion quelques jours plutôt, épouvanté les nègres que j'avais rencontrés, qui me voyant avec un fusil, m'avaient supposé des intentions criminelles. On s'était plaint, et le roi, tout en nous autorisant à chasser tant qu'il nous serait agréable, demandait que nous fussions accompagnés.

Il nous envoya donc son fils Coffee, beau garçon d'une vingtaine d'années, à la physionomie intelligente, et respirant la franchise. Il venait souvent nous visiter au campement, de sorte qu'il était déjà pour nous une vieille connaissance. Toujours gai, très obligeant, nous étions amis, et il usait souvent de l'autorité que sa qualité de fils du chef lui donnait sur les autres, pour les tenir à distance et les empêcher de nous gêner par trop chez nous.

Coffee donc nous fit monter en pirogue, et nous conduisit dans une île voisine couverte de forêts. Là, pas de sentiers limitant le chasseur; au contraire, nous étions sous bois à peu près comme dans un taillis en France. Nous avions cependant affaire à forte partie, car les lianes tombant du haut des arbres comme autant de ficelles jusque sur le sol, puis remontant pour s'accrocher aux premières branches et se mêlant les unes aux autres, formaient autant d'obstacles qui ralentissaient notre marche. A chaque pas nous étions arrêtés, soit pour débarrasser nos fusils, soit pour arracher nos pieds des mailles du filet formé par terre par les lianes rampantes; nos casques, aussi utiles contre le soleil qu'incommodes à la chasse, nous empêchaient de rien voir au-dessus de nous. Aussi nous était-il impossible d'éviter les obstacles à hauteur de tête, et il m'est arrivé bien des fois ce jour-là d'être forcé de m'arrêter pour me défaire d'une liane accrochée dans mon casque, ou me barrant la route à hauteur du cou et menaçant de m'étrangler.

Nous allions toutefois, tant bien que mal, — plutôt mal que bien — sans voir de gibier et surtout sans songer à un nouvel ennemi. Dans certains endroits, les arbustes étaient littéralement couverts d'une variété de fourmis rouges, différentes de celles qui hantaient notre cuisine. Au moindre mouvement imprimé à ces arbustes, une véritable pluie de fourmis nous arrivait dessus et il fallait dès lors se hâter de trouver un lieu plus hospitalier pour se déshabiller et se défaire de ces visiteuses qui nous couraient partout. On comprendra que dans ces conditions la chasse déjà peu productive n'était guère agréable. L'île était peu étendue, nous en fîmes le tour et à l'extrémité, le lieutenant voyant venir un aigle pêcheur, le descendit. Coffee l'emporta et nous rentrâmes, ou du moins le lieutenant resta à se baigner dans le Lahou tandis que je portais l'aigle à Benjamin pour qu'il en fît notre dîner.

Il nous fit rôtir ce gibier rare qui n'est pas désagréable au goût, mais qui en revanche nécessite une mastication prolongée.

En quittant Coffee, je l'avais retenu pour le lendemain matin ayant l'intention de chasser d'un autre côté. J'allai le chercher et à peine la pirogue avait-elle parcouru quelques mètres que mon guide me fit voir sur un grand arbre mort un gros singe occupé à faire des grimaces ; un coup de fusil le descendit, mais il fut impossible de le retrouver dans le fouillis de la forêt.

Nous revînmes à la pirogue et Coffee me conduisit en un coin de la forêt où, disait-il se trouvaient des chevreuils. Nous y arrivâmes après une heure de promenade matinale fort agréable sur le fleuve par une douce température. Pendant longtemps il me fallut parcourir une forêt plus hospitalière que celle de la veille mais dont certains endroits pourtant, grâce aux lianes, refusaient énergiquement de me laisser passer : un avantage inappréciable était l'absence de fourmis dans les arbres.

Quant aux chevreuils annoncés pas trace, non plus que d'un autre gibier. Je rentrai donc bredouille au campement où je trouvai le lieutenant en train de faire préparer le riz qui nous servit de nourriture encore ce jour-là.

Par contre, le lendemain matin, le roi nous envoya un canard qui me parut être la meilleure des viandes qu'il nous ait fournies : j'ai eu depuis l'occasion d'en manger d'autres au poste de Grand-Lahou et là, comme à Tiassalé, j'ai toujours trouvé que ces canards étaient ce que nous avons eu de préférable comme nourriture dans le pays.

Mais nos voyageurs ne revenaient pas de Dabou ; nous n'en avions pas de nouvelles ; ils avaient eu le temps matériel d'aller et de revenir, les jours s'écoulaient et sans être inquiets, nous cherchions déjà à expliquer cette absence prolongée.

Cependant nous vivions toujours aux crochets du roi qui nous faisait parvenir des ignames presque chaque jour mais avec mauvaise grâce. Aussi, ennuyés de cet état de choses, il fut décidé que nous irions rendre visite à l'autre chef. Tiassalé, en effet, est à cheval sur le Lahou, la partie du village la plus importante étant celle où nous habitions et où réside le chef. L'autre partie du village située en face, sur l'autre rive du fleuve, ne possède qu'un chef moins haut placé. C'est ce dernier que nous allâmes voir le 6 mars. Il nous reçut d'une façon très cordiale dans la cour intérieure de sa case qui se remplit aussitôt de curieux : il nous questionna beaucoup sur la France, s'informant du roi de France, de la puissance de ses armées, de la distance qui séparait notre pays du sien, etc...., puis, ce qui nous causa infiniment plus de joie, il nous donna un gros bouc, des ignames et des bananes en grande quantité. Il déclara en outre qu'il était disposé à conclure une alliance.

Ne retirant aucun profit de la chasse je restai au village, m'occupant à prendre des notes et à observer les coutumes. Voici quelques-unes de mes observations. Dans un Tiassalé comme dans l'autre, les usages sont les mêmes : mêmes cases, comprenant une cour ronde au milieu et à ciel ouvert et circonscrite par une rangée circulaire de petites cellules ; même costume, pagne et ceinture, même langage.

Les cases méritent une mention spéciale,

A Grand-Bassam elles étaient carrées et rappelaient vaguement la disposition de nos maisons européennes, ici elles sont rondes. Imaginez-vous une cour circulaire de 8 ou 10 mètres de diamètre, circonscrite par un trottoir de 1 m. de large et une rangée de cellules disposées comme les loges d'un théâtre. Entre chacune de ces cellules s'élève un mur d'argile maintenu par des branches d'arbre, et dans le coin le plus retiré de chacune d'elles, on peut voir le sol surélevé de 0 m. 30 c. environ sur une étendue de 1 m. sur 1 m. 50 c. C'est le lit des habitants.

Le toit, circulaire bien entendu, formé de feuilles de bananier superposées a deux versants ; l'un extérieur très court ; l'autre assez long pour protéger non seulement les cellules mais encore le trottoir qui se trouve devant elles. C'est sur ce trottoir que nous dressions nos lits de camp : mais les poutres du toit arrivaient si bas que si l'on s'aventurait sans lumière on se heurtait la tête à chaque pas. Quatre ou cinq portes étroites étaient pratiquées dans la case, qui doit, je suppose, loger toute la famille, car une seule case contient douze à quinze cellules.

Elles sont toutes construites sur le même modèle : celle du roi ne diffère en rien des autres. Je la connaissais d'autant mieux que je m'y rendis plusieurs fois pour guérir le monarque qui souffrait d'une conjonctivite aiguë. Je fus même cause d'une scène de famille. Je mettais solennellement un collyre dans les yeux du roi : mais je ne pouvais me résoudre à lui appliquer aux pieds des sinapismes, car la douleur cuisante qui en résulte aurait pu lui faire supposer que j'en voulais à sa précieuse vie. J'ordonnai un bain de pieds d'eau très chaude. La reine apporta aussitôt l'eau nécessaire pour baigner les pieds du roi son époux ; seulement, elle me présenta à plusieurs reprises, malgré mes observations, un bassin tellement petit que je criai plus fort. Le roi se fâcha tout rouge. La pauvre reine disparut aussitôt et revint avec un bassin convenable : mais elle avait l'air éploré, et je m'en allai le cœur gros.....

Chaque jour de la semaine a, chez ces sauvages comme chez nous, sa caractéristique, et s'ils n'ont pas de nom ils ont un numéro. Ce qui est plus curieux c'est qu'ils comptent les jours comme nous, par sept ; c'est-à-dire qu'au lieu de dire lundi, mardi, etc... ils disent 1, 2, 3, etc. jusqu'à 7. Le jour qui correspond à notre vendredi est le jour fétiche pour ne pas piler des bananes : en effet, un usage très répandu dans les pays noirs, consiste à écraser dans un mortier de bois des bananes cuites et à y ajouter un peu d'eau. Il en résulte une sorte de mastic jaune appelé pain de bananes, mets fort lourd, fort indigeste et d'un goût douteux. Or, le vendredi, il est défendu de piler des bananes et c'est en vain qu'on en chercherait dans le village.

Quant aux mois on les compte avec la lune, de même que les heures de la journée sont indiquées par les hauteurs du soleil :

il en résulte, comme bien on pense, des renseignements très approximatifs. Aussi, lorsque nous demandions à un noir combien de temps nous allions mettre d'un village à un autre, il levait aussitôt son bras vers le soleil, et décrivant un arc de cercle, il nous disait : « le soleil sera là quand tu seras arrivé ». C'était à nous de tirer de cette indication vague une conclusion plus précise et d'estimer l'heure ; et comme les nègres évaluent très mal le temps et les distances il en résultait que presque jamais nous n'arrivions à l'heure indiquée.

Nous nous levions vers 6 h. 1/2 ou 7 h. au moment où le jour commençait à poindre et dans le village à cette heure matinale tout était silencieux. Arrivés au campement distant de notre case d'environ 200 mètres, nous commencions par nous battre avec les fourmis, à les éloigner de nos vêtements, de nos bagages, à en débarrasser la caisse de cuisine : puis nos porteurs partaient pour la forêt chercher du bois mort pour le feu. Dans la journée nous passions notre temps, soit à améliorer notre campement, soit à tuer et à empailler des oiseaux, à prendre des notes, etc... j'allais quelquefois prendre des croquis de village, etc...

Presque chaque jour le lieutenant faisait des observations avec le théodolithe et me dictait ses chiffres ; et chose curieuse dans ce pays du soleil rien n'est plus difficile à voir que le soleil : le ciel toujours couvert de nuages gênait beaucoup les observations, et il arriva bien neuf fois sur dix au lieutenant d'être dans l'impossibilité de prendre le midi du lieu. Un jour, c'était je crois le 7 mars, ne sachant que faire, nous sommes allés tous les deux faire une promenade dans la forêt à travers des sentiers superbes où les rayons du soleil ne peuvent pénétrer. La fraîcheur de ces endroits nous reposait de la chaleur de notre campement : à chaque pas, nous trouvions de petits bosquets naturels, de petites charmilles qui invitaient à s'y reposer, mais, sous cette beauté trompeuse, quelle humidité et quels périls pour qui se laisserait tenter !

Notre promenade dura deux ou trois heures : nous allions insouciants devant nous cherchant des ananas. Nous fîmes aussi une abondante récolte de tiges de bois flexible qui devaient nous servir à consolider nos ballots.

Jusque là, nous avions été tranquilles ; mais voilà que le 9 mars un tapage assourdissant partit d'une case voisine. Il y avait tam-tam : je m'informai, et j'appris que c'était à l'occasion d'un décès. Je m'y rendis avec le lieutenant. A peine étions-nous entrés dans la case où avait lieu la fête, qu'on nous offrit du vin de palme qui, dans ces circonstances, coule toujours avec abondance.

En un coin de la case se trouvait l'orchestre, composé de sept ou huit musiciens, parmi lesquels le sorcier dont j'ai déjà parlé : les uns frappaient sur des tambours de formes variées, les autres agitaient un fruit desséché de cucurbitacée, une sorte de courge de forme comparable à une carafe sphérique. Ce fruit est entouré par les noirs d'un filet trop grand, formé de fibres végétales, et au nœud de chaque maille est attaché un fragment de noyau de noix de palme. Quand on secoue cet instrument extraordinaire les noyaux viennent frapper sur la courge, d'où un bruit sec d'autant plus agréable aux oreilles des noirs, qu'il est plus désagréable aux oreilles des blancs. Enfin l'orchestre était complété par d'autres hommes, entrechoquant des morceaux de fer ou de bois sec.

Tout autour dans la case une foule de spectateurs auxquels nous étions mêlés, contemplaient les exercices chorégraphiques de noirs alternant avec des négresses. Ces danses ne me paraissent avoir aucun caractère : les danseurs sautent d'un pied sur l'autre en faisant des grimaces ou en hurlant, et si je me suis servi de l'expression d'exercices chorégraphiques c'est pour parler français, car entre la danse de ces sauvages et celle d'un ours, je ne sais trop laquelle préférer. Nous quittâmes bientôt ce lieu pour rentrer chez nous.

Néanmoins, n'ayant point de nouvelles de M. Armand, nous devenions inquiets, d'autant plus que certains bruits de guerre autour de Dabou étaient parvenus à nos oreilles ; et, bien qu'il ne faille avoir qu'une confiance très limitée dans ce que disent les noirs qui s'entendent comme personne à bâtir des histoires, un courrier fut envoyé : c'était encore Coffee avec un de nos porteurs. Il partit pour Dabou, mais huit jours après il était revenu, en nous disant que le pays était en guerre. A deux jours de Dabou il avait été arrêté par un des chefs révoltés, qui refusait de le laisser passer avec la lettre dont il était porteur. Il dut donc envoyer un indigène sans lettre vers M. Armand et attendre son retour. Il revint en effet avec un couteau que M. Armand envoyait comme présent à un chef, et qui nous fut apporté par erreur. Il nous faisait dire de revenir à Lahou et de là à Dabou. Ces nouvelles nous parvinrent le jeudi 12 mars.

Tout d'abord nous ne saississions pas la signification du couteau et nous ne l'avons eue, qu'après avoir retrouvé M. Armand. M. de Tavernost n'était pas éloigné de penser que nos envoyés ne s'étaient pas rendus où ils disaient être allés et qu'ils nous racontaient une histoire de leur crû, afin de toucher quand même le prix convenu pour la commission.

Quoiqu'il en soit, en présence de ce fait que M. Armand nous réclamait, le départ de Tiassalé fut résolu pour le lendemain. Les préparatifs commencèrent aussitôt et le lendemain vers midi, l'embarquement des bagages avait lieu. Le lieutenant avait eu la veille un accès de fièvre palustre qui avait cédé : par contre, un mal de tête épouvantable m'empêcha de dormir et le soleil torride qui présida à notre départ de Tiassalé n'était pas fait pour me calmer. Pour compléter le tableau, une pluie battante, une tornade qui dura une heure nous assaillit dans la journée ; et à partir de ce moment jusqu'à notre arrivée à Grand-Lahou, c'est-à-dire trois jours après, il plut, heureusement moins fort, mais d'une façon à peu près continue. Ma fièvre augmenta et je fus en proie à la variété de fièvre palustre qu'on appelle fièvre rémittente gastrique, bilieuse : continuellement mouillé, aussi mal installé que possible dans une pirogue chargée de bagages, je n'avais de repos ni jour ni nuit.

Il faut dire que nous étions pressés d'arriver, nous marchions vite. Nous nous arrêtions seulement en jour le temps de prendre quelque nourriture, et la nuit quelques heures seulement sur le rivage, là où nous nous trouvions pour reposer un peu. Je me rappelle à peine ce qui s'est passé durant ce triste voyage : il me souvient seulement, que l'une de ces nuits, j'ai couché sur des treillages à pêcheries que les noirs avaient déposés au bord de l'eau. Lorsque nous arrivâmes le 16 au matin à Grand-Lahou, j'étais tellement abattu par ma fièvre continue, que je pouvais à peine marcher : j'avais le facies bien connu des médecins, spécial aux individus qui non-seulement ont habité les pays chauds, mais encore, qui ont été éprouvés plus ou moins durement par les maladies maremmatiques. En entrant dans la maison du douanier, je vis sur la porte deux hommes en vêtements de chasse qui m'étaient inconnus : je remarquai parfaitement leur jeu de physionomie en me voyant entrer, et leur coup d'œil paraissant vouloir dire que je n'avais plus que quelques jours à vivre. Je leur contai en quelques mots ce qui nous était arrivé, puis, un de nos Sénégalais m'ayant apporté mon lit, je me couchai.

Ces deux hommes étaient MM. Voituret et Palazot.

Grisard arrivé quelques heures avant nous, nous met au

courant de ce qui s'est passé à Dabou. Deux villages noirs voisins de ce poste fortifié, en vinrent aux mains presque sous le fort. Sur l'ordre qui leur fut envoyé de cesser le combat ou d'aller le continuer ailleurs, les nègres disparurent mais revinrent bientôt attaquant le fort lui-même.

Les Haoussas, aussitôt armés, commencèrent le feu sous les ordres du lieutenant Armand : le Résident de France M. Desailles, arriva bientôt à Dabou avec ses miliciens et une petite campagne fut entreprise, quelques villages brûlés et une forte amende infligée aux rebelles. Grisard avait fait le coup de feu comme les autres et était revenu à Lahou, tandis que le lieutenant Armand restait encore à Dabou quelques jours, au cas où les hostilités auraient repris.

Nous voilà donc revenus à Grand-Lahou : c'est la fin de notre mission ! Si, en effet, nous avions continué au-delà de Tiassalé pendant trois jours, sans interprète pour arriver chez les Bambaras dont nos Sénégalais parlaient la langue, nous n'aurions pas été mêlés à la révolution de Dabou, révolution qui s'étendit à toute la forêt et opposa un obstacle infranchissable à notre marche en avant.

Je regrette beaucoup pour ma part, que les évènements aient si mal tourné.

VI

Quelques jours après notre arrivée, M. de Tavernost partit pour retrouver M. Armand tandis que je restai au poste à me remettre de mes accès de fièvre, tout en prenant soin de nos bagages qui avaient été mouillés et qu'il était nécessaire de remettre en état.

Les deux lieutenants revinrent le 24 avec l'intention de repartir pour Tiassalé le 28 : ils m'apportaient des lettres de France qui étaient restées en souffrance à Grand' Bassam ; et pendant quelques instants trop courts, je fus en rapport avec ma famille. Je le fus aussi avec mes collègues de Paris qui me rappelaient toutes nos bonnes farces d'étudiants, et me faisaient regretter de n'être plus là pour les continuer.

Au milieu de ces forêts inexplorées de l'Afrique tropicale, combien ces souvenirs de la vie d'étudiant étaient à la fois agréables et pénibles ! quel contraste entre ce dénûment presque complet de tout, cette ingéniosité que suggère le besoin, ces nuits passées sur un lit de camp parfois à la belle étoile et cette vie facile et agréable du quartier latin où tout abonde, où l'on trouve sans peine le travail comme le plaisir sous leurs multiples formes, où un ami complaisant vous offre de partager son lit lorsqu'on s'est attardé chez lui à travailler ou à rire !

Qu'il semblait dur de n'y plus être au quartier, lorsqu'on était réduit à lutter avec les difficultés du chemin ou de la nourriture ; lorsque l'esprit comparait l'isolement actuel à la société d'autrefois !

Quel charme j'éprouvais à faire vagabonder ma pensée d'un étudiant chez l'autre ; à me rappeler telle réunion d'amis pendant laquelle le travail et la vertu se tenaient compagnie à la porte attendant qu'on voulut bien les reprendre : à me figurer être encore à tel dîner joyeux, telle rencontre agréable ! Il était vraiment doux de remuer le passé et d'y retrouver par un inconscient effort de mémoire, mille petites circonstances, passées presque inaperçues à leur époque et qui aujourd'hui par le fait de la solitude prenaient une importance qu'elles n'auraient jamais eues sans cela !

Quel changement ! Le silence des grands bois aujourd'hui ; et hier, le tapage des cours, les cris et les ordres inexécutés des agents venant troubler nos manifestations bruyantes dans la rue ; combien peu elles charmaient ma vue ces négresses presque toutes laides, si je les comparais à toutes les jeunes beautés qui enchantent le quartier par leur grâce et leur société. Toutes ces Danaé en quête d'un Jupiter nous font perdre bien du temps ; mais est-il possible de toujours travailler ? La distraction et le repos sont d'une bonne hygiène : « neque semper arcum tendit Apollo » dit le poète ; comme c'est bien la vérité.

Années d'étudiant vous serez bien les meilleures de ma vie : pourquoi avoir fui si vite ?

Nous avions trouvé à Lahou ainsi que je l'ai dit deux français, MM. Voituret et Palazot. Ils étaient accompagnés d'un troisième français nommé Papillon et faisaient partie d'une société d'études commerciales dite l'Ouest africain. Ces trois messieurs étaient arrivés depuis peu et avaient déjà fait quelques excursions. Ils étaient allés en particulier sur la rivière Yocoboë et en avaient rapporté des canards : ils avaient l'intention de remonter vers le Nord et à peine étions-nous arrivés à Lahou, M. de Tavernost et moi, qu'ils se mirent en devoir de parcourir la route que nous venions d'ouvrir. Voituret et Papillon partirent, Palazot resta au poste à surveiller la construction d'une case.

Ils étaient partis depuis quelques jours déjà lorsque le Samedi-saint 28 mars deux paquebots s'arrêtèrent devant Grand-Lahou.

Le premier arrivé était un anglais apportant des marchandises à la factorerie Verdier ; l'autre était le courrier de France, la *Ville de Maranhao*. Ce paquebot télégraphia qu'il avait des passagers à débarquer, ce qui ne laissa pas que de nous étonner beaucoup. Le chef du poste de douane, le brigadier Jeannin, fit mettre la baleinière à la mer : j'y pris place avec M. Palazot, car je voulais prendre au passage les lettres qui filaient sur Grand-Bassam ; je trouvai là, parmi les passagers — qui nous demandaient de nombreux renseignements sur le pays — deux officiers, MM. Quiquerez et de Segonzac, qui projetaient une excursion sur la côte de Guinée, mais du côté de Petit-Lahou et de Fresco. Ces messieurs étaient liés d'une vieille amitié avec MM. Armand et de Tavernost, qui informés de la présence de leurs frères d'armes, arrivèrent sur le *Maranhao* dans l'après-midi.

Comme je dépeignais la pénurie de nourriture du pays et que j'ajoutais en matière de preuve, que bien que l'après-midi s'avançat je n'avais pas encore mangé depuis la veille au soir, on nous entraîna dans la salle à manger, M. Palazot et moi, où un excellent déjeuner nous fut servi ; d'autant plus délicieux que depuis longtemps nous avions perdu le souvenir du pain, du vin, du beefteack, etc.... M. de Segonzac eut l'amabilité de nous faire envoyer une bouteille de champagne frappé que la grande chaleur nous fit trouver exquise, si exquise même, — je parle pour moi du moins — que, en sortant de table, je côtoyais de bien près les vignes du Seigneur ; j'étais, paraît-il, d'une loquacité à étonner un concierge, demandant vingt fois de suite le même renseignement. Néanmoins mon embarquement et le passage de la barre eurent lieu sans accident ; mais une fois sur le sable de la plage j'éprouvai une difficulté toute particulière à marcher. Je donnai le bras à l'un des officiers qui passait près de moi — je ne sais lequel — mais, pressé qu'il était sans doute, ou pensant que je pourrais parcourir tout seul les 200 mètres qui nous séparaient du poste il me lâcha et je faillis tomber. Je trouvai, Dieu merci, un autre compagnon plus obligeant, — j'ignore aussi lequel — et je rentrai avec lui au poste prendre un repos dont j'avais besoin.

Mais de graves événements allaient surgir......

Mon lit de camp était placé près de la porte de notre chambre au poste, de telle sorte que j'entendais très bien les noirs qui parlaient dehors : c'est ainsi que le jour de Pâques — nous étions à peine réveillés — j'entendis des noirs parlant français, s'entretenir de la mort de deux blancs : je pensai aussitôt à Voituret et Papillon qui étaient en route et je me levai en hâte : mes compagnons que j'avais avertis sortirent aussi. Les noirs furent interrogés, et bientôt, nous avions la nouvelle encore mal connue mais malheureusement trop à redouter, que nos infortunés compatriotes avaient été assassinés. Peu à peu les détails vinrent, encore peu précis, mais suffisants toutefois pour nous donner la certitude que les deux voyageurs avaient été assommés, coupés en morceaux et vraisemblablement mangés.

MM. Quiquerez et Armand partirent le soir même en baleinière pour Dabou afin d'aviser l'administrateur des bruits qui couraient ici : peut-être même seraient-ils forcés d'aller jusqu'à Grand-Bassam ; ils avaient en perspective de passer toute la nuit et une partie de la journée du lendemain en baleinière !!

Pendant ce temps là, grâce au petit vapeur de la maison Verdier, MM. de Tavernost, de Segonzac, David, un commerçant et Palazot avec quelques tirailleurs remontaient le fleuve devant s'arrêter de village en village afin de recueillir le plus de renseignements possible sur l'évènement. Ils devaient ainsi remonter jusqu'à Haouem ; ils arrivèrent à la nuit et durent coucher à bord au milieu du fleuve faisant le guet afin d'éviter toute surprise ; le lendemain ils étaient revenus avec nous, nous disant qu'ils avaient rencontré en route deux Apolloniens influents de Lahou, Aka et Brou qui tentèrent de les dissuader d'aller jusqu'à Haouem sous prétexte que ce village était rempli d'habitants descendus de Tiassalé qui ne demandaient qu'à leur faire un mauvais parti.

Malgré ces conseils intéressés ces messieurs s'y rendirent et ne trouvèrent personne de Tiassalé ; le roi qu'ils interrogèrent leur montra une carte de M. Voituret constatant qu'il avait quitté le pays en très bons termes avec les habitants.

Que s'est-il passé au juste au cours du voyage de nos deux compatriotes ? On ne l'a jamais su et nul ne le saura jamais. Un chef de Fresco nommé Godo nous servait d'interprète pour recueillir tous les renseignements relatifs à cette malheureuse affaire et chaque jour nous entendions un noir dont souvent le récit ne concordait guère avec ce que nous avions appris la veille.

Aussi, toutes les versions vont être exposées ici, quitte ensuite à indiquer ce qui personnellement me paraît être le plus vraisemblable.

D'après ce que racontèrent les noirs interrogés par nous, les habitants d'un village se seraient enfuis à l'arrivée des blancs, et les boys (domestiques) alors ne trouvant personne seraient entrés dans une case et y auraient dérobé des bijoux, des pagnes, un couteau de Boochman, etc. — Ce dernier vol surtout aurait produit un fâcheux effet, car aux yeux des noirs, un couteau de Boochman est une parole d'honneur qu'on donne à celui auquel on doit de l'argent par exemple, pour l'assurer qu'il sera payé.

D'autres bruits invraisemblables disaient que les blancs partout réclamaient de l'or et ne laissaient rien en échange ou du moins peu de chose.

Il fut dit aussi que le coup n'était point destiné à MM. Voituret et Papillon, mais à M. de Tavernost et à moi ; Akin aurait eu le dessein de nous assassiner, et pendant notre séjour chez lui aurait réuni 3000 noirs : nous aurions eu la chance de quitter Tiassalé juste le jour précédant la nuit où nous devions être tués.

Rien n'est venu confirmer cette version ; mais rien non plus ne nous fit voir qu'elle avait été créée de toutes pièces : je ne laissai pas toutefois que d'en être étonné car nous avions vécu en fort bonne intelligence avec les noirs de Tiassalé.

D'après une autre supposition rendue vraisemblable par la présence d'Aka et de Brou sur le fleuve, l'assassinat aurait été commis à l'instigation des Apolloniens qui voyaient dans les blancs des concurrents à leur commerce.

Ces Apolloniens — qu'on appelle justement les juifs des noirs — composent une population nomade qui s'est répandue chez tous les autres nègres : ils ne se livrent qu'au commerce et servent le plus souvent d'intermédiaires entre les noirs de l'intérieur et les blancs : ils sont en outre passablement voleurs, non pas ouvertement mais en *finassant*, en faisant varier le cours des marchandises, en accaparant ! etc..... : ils sont très civilisés à ce point de vue ! Il n'est pas surprenant dès lors que notre excursion leur fut d'autant plus désagréable que nous nous posions en commerçants : et nous considérant comme leur faisant du tort ils ont dû exciter le roi de Tiassalé contre les blancs ; dans cette alternative c'était pour nous que le guet-apens était préparé, puisque en quittant Tiassalé nous avions annoncé notre prochain retour ; seulement, ce furent Voituret et Papillon qui y tombèrent au lieu de nous.

Ce qui donnerait du poids à cette version que les Apolloniens étaient les instigateurs, ce sont les discours d'Aka et de Brou tendant à empêcher le vapeur de remonter jusqu'à Haouem ; c'est aussi leur récit d'après lequel treize Apolloniens auraient été amarrés à Tiassalé, ce qui fut démenti par un Apollonien qui arrivait de ce village porteur de deux pièces de cinq francs du Chili que nous avions vues en possession de nos infortunés compatriotes : ces pièces, nous dit-il, lui avaient été données par Akin roi de Tiassalé qui détenait toutes les marchandises des victimes.

Quelle que soit la vérité tandis que ces messieurs palabraient à Haouem, poussant leur enquête, l'un d'eux ayant dit qu'ils allaient se rendre de suite à Nyanda, village éloigné seulement de quelques minutes de pirogue, deux noirs se détachèrent précipitamment de ceux qui les entouraient et coururent à une pirogue. Devinant leurs intentions ces messieurs coururent aussi s'embarquer, mais les deux noirs devant eux pagayaient avec une véritable rage si bien qu'ils arrivèrent à Nyanda avec 4 ou 5 minutes d'avance malgré les efforts de nos amis. Ils abordèrent à la hâte, pénétrèrent dans le village et quand les officiers arrivèrent il ne restait plus personne que le chef qui fut interrogé ; mais ses réponses lui étaient dictées par les gens d'Haouem, et il dit ne rien savoir à partir du moment où l'on fit taire ces gêneurs.

Voici comment se serait passé le triste épisode de la mort des deux Français : à un barrage du fleuve ces infortunés portés à dos de noirs auraient été culbutés et assommés à coups de bâton. Leurs têtes une fois coupées, les corps auraient été jetés dans le fleuve pour donner à penser qu'il ne s'agissait que d'un accident et que les caïmans étaient les seuls coupables. Quant aux pirogues elles furent repoussées dans le fleuve par les noirs afin que leurs victimes ne pussent atteindre leurs armes.

Nous en étions de là, oscillants entre une version et l'autre, lorsque le jeudi 2 avril arriva à Lahou un des boys des victimes ; il avait été, nous dit-il, d'abord amarré comme les autres, puis renvoyé à cause de son jeune âge. D'après son dire, un autre boy aurait échappé et serait pour l'instant dans la brousse.

Voici ce qu'il nous raconta et ce récit me semble parfaitement admissible.

MM. Voituret et Papillon ont été victimes de l'insuffisance de leur interprète. En arrivant aux villages, ils demandaient qu'on leur apportât de l'or (sika) en échange de leurs marchandises ; mais l'interprète comprenant mal le français, n'aura probablement rien promis en échange ; de plu. il connaissait à peine la langue nègre du pays et aura cru et dit aux blancs, que l'or apporté était offert comme cadeau : mais ces messieurs — ne voulant pas cependant partir sans rien laisser — n'auront donné que quelques marchandises, ce qui fit croire aux peuplades qu'on voulait les voler et les mécontenta d'autant plus, que les boys avaient fait main basse sur quelques objets.

Ces faits furent colportés très vite à travers la brousse jusqu'à

Tiassalé, dont le roi aurait envoyé aussitôt des hommes avec ordre de tuer les blancs. Trente nègres cachés dans la brousse à un endroit du fleuve où les blancs étaient portés à dos d'homme, les assassinèrent et les coupèrent en morceaux, ce qui permettrait de croire qu'ils ont été mangés. Une main fut portée à Akin, comme preuve de l'exécution de ses ordres.

J'ai longtemps hésité entre cette version et celle d'après laquelle l'affaire aurait eu les Apolloniens pour instigateurs ; et à l'heure actuelle je suis encore indécis. Ces deux versions sont toutes deux vraisemblables et je ne serais pas éloigné de penser que toutes deux soient la vérité, mais la vérité incomplète. Il leur manque un trait d'union qui se trouve me semble-t-il, dans les premiers récits que nous avons eus.

Chacun de ces récits est incomplet et tend parfois à contredire les autres ; mais, quand on les coordonne dans un certain sens, on trouve que loin de se contredire ils se corroborent et se complètent.

Ce qu'on va lire est simplement ma manière de voir ; c'est l'idée que je me suis faite après avoir consciencieusement examiné les faits : mais cela peut ne pas être la vérité, et puisque celle-ci doit nous être à jamais cachée, je prie le lecteur de ne pas croire que mon récit doive être le seul vrai.

J'ai exposé tous les éléments du procès ; libre à chacun d'en tirer telle conclusion qu'il voudra.

Voici donc comment je me figure la filière des évènements.

Les Apolloniens, nous voyaient d'un mauvais œil et n'attendaient qu'une occasion pour nous faire barrer la route. MM. Voituret et Papillon faisant une expédition la nôtre à peine terminée, étaient spécialement destinés par là-même à leur vengeance. Or, l'occasion cherchée par ces bandits pour faire éclater leur haine des blancs, se trouva dans l'imprudence de Papillon et Voituret qui tuèrent à coup de fusil, un bœuf privé dans un village qui leur refusait toute nourriture et qui une autre fois, dans des circonstances analogues s'emparèrent d'un mouton : bien qu'ils eussent laissé en marchandises grandement la valeur de ces animaux, il résulta de là une impression fâcheuse que les Apolloniens exploitèrent avec adresse auprès des noirs. Ajoutons à cela l'insuffisance de l'interprète, qui, se faisant mal comprendre n'indiquait pas à nos compatriotes que les noirs trouvaient trop maigre la valeur des objets laissés en échange de l'or, les quelques petites exactions que purent commettre les boys dans un village abandonné et nous trouverons là de quoi expliquer le meurtre. Quand je dis « expliquer », je parle au point de vue des noirs, véritables brutes, qui ne surent pas proportionner leurs représailles au dommage qu'ils avaient subi, si tant est qu'il y ait eu dommage, ce qui n'est pas prouvé : car, malheureusement, nous n'avons pu entendre qu'une des parties, les noirs, qui pouvaient bien avoir un puissant intérêt à nous dissimuler la vérité.

Encore une fois, il n'y a dans tout cela que ce qui m'a été raconté : j'ai coordonné les versions de la manière qui m'a semblé la plus convenable, mais je ne prétends pas que ce soit la vraie version. Bien au contraire, car nous n'avons entendu que des nègres, et rien n'est à mes yeux plus suspect et plus sujet à caution qu'un nègre, quand il s'agit de connaître la vérité.

Vers 10 h. le lieutenant Quiquerez arrive de Dabou avec vingt miliciens : M. Armand était resté là-bas et nous attendait. Le résident, M. Desaille que ces deux messieurs avaient été prévenir de ce qui se passait ici, envoyait ces miliciens pour renforcer le poste de Lahou en attendant l'arrivée d'un aviso qui devait amener de Konakry une compagnie de tirailleurs Sénégalais.

Chacun ayant repris sa liberté, MM. Quiquerez et de

Segonzac prirent leurs dispositions pour continuer leur mission. Le vendredi 3 avril, un déjeuner d'adieu nous réunit au poste de Lahou tous les sept, M. Palazot, les deux douaniers, MM. Quiquerez, de Segonzac, de Tavernost et moi. Un menu de la composition de M. Palazot se trouvait à ma place en qualité de première fourchette de la société. Que de sarcasmes ce bon appétit me valut, surtout de la part de ce pauvre M. Quiquerez si gai, si plein d'entrain avec lequel je passais de si bons moments et qui succomba sous les coups de ce climat meurtrier.

Le lendemain 4, eut lieu le départ de la mission Quiquerez-Segonzac ; quant à nous, non encore prêts, nous remîmes notre départ au lendemain....

Ah ! journée du 5 avril 1891, tu resteras longtemps gravée dans ma mémoire ! ! !

La barre était mauvaise ; les rouleaux assez gros se brisaient avec violence sur la plage et se succédaient avec rapidité. J'émis l'opinion, qu'il serait plus sage de remettre le départ au lendemain, car véritablement la barre me semblait peu praticable : le lieutenant fut je crois un moment sur le point de penser de même ; mais sur l'assurance que le chef Krouman nommé Dablé, nous donna que nous passerions sans encombre il se décida à partir. Je n'étais que très médiocrement rassuré.... Enfin la baleinière s'ébranle et nous passons la barre d'une façon superbe. Notre trajet consistait à descendre en vue de la côte jusqu'à Kraffy où nous avions l'intention de reprendre la lagune de Grand-Bassam. — Une toile de bâche servit à improviser grossièrement une voile qu'un Krouman fixa à une pièce de bois que nous emportions du poste et qui fit l'office de mât ; la mer houleuse nous ballotait durement ; néanmoins nous avancions et quelques heures après notre départ nous étions en vue de Kraffy.

Depuis quelque temps je considérais la barre et je voyais avec inquiétude qu'elle devenait de plus en plus mauvaise. Le lieutenant m'en fit aussi la réflexion. La mer en effet, après avoir soulevé notre embarcation s'en allait couvrir au loin la plage dépassant de beaucoup ses limites ordinaires. Ce spectacle peu fait pour nous rassurer était encore assombri par une inquiétude visible sur le visage des Krouman. Leur chef, ayant dirigé le cap vers le rivage regardait en arrière à tout instant. Plusieurs fois il donna le signal du départ pour arrêter aussitôt une course à peine commencée et de nouveau interroger les flots que nous allions laisser derrière nous. Tous nos hommes se mirent ensemble à pousser des cris pour attirer les habitants de Kraffy qui bientôt se montrèrent et prévoyant un débarquement difficile semblèrent se préparer à nous porter secours.

Nous partons enfin : les Krouman excités par les cris de leur chef nous lancent vers le rivage avec une vitesse incroyable : mais les mesures étaient mal prises et malgré la rapidité de notre course un rouleau nous rattrape et se brisant sur nous fait chavirer l'embarcation au moment où nous allions toucher le sable. Tous les noirs sautent à la mer, M. de Tavernost se trouvant du côté de la baleinière qui penchait vers l'eau peut aussi facilement s'élancer ; mais moi placé du côté opposé je voyais la baleinière s'élever comme pour m'empêcher de sortir. Pourtant je n'avais pas de temps à perdre ; il était à craindre qu'une nouvelle lame ne vînt se précipiter et mettre la baleinière la quille en l'air. Aussi, m'accrochant je ne sais comment je me plaçai debout sur le bord du bateau et me jetai à la mer. Je tombai à genoux dans un mètre d'eau et aussitôt un des noirs se précipita vers moi me saisit par les mains et m'entraîna vers le sable. Un instant après le bateau était sans dessus dessous ; toutes les cantines qui surnageaient ballotées par les flots paraissaient et disparaissaient tour à tour ; les noirs en grand nombre s'efforçaient de fixer un câble sur la baleinière afin de l'amener au sec et de sauver les bagages que nous avions pris soin d'amarrer dans la cale ; mais à peine s'en étaient-ils approchés qu'une lame venant se dérouler la soulevait avec une violence inouïe puis l'ayant un instant ballotée la laissait retomber lourdement : enfin, après de longs efforts ils parvinrent à l'arracher à la fureur de la mer ; mais hélas !...... la baleinière était vide et tous nos bagages coulés.

Le lieutenant était positivement désespéré ; il voyait en ce moment s'anéantir toutes ses espérances ; les notes et les observations déjà prises étaient à jamais perdues, l'expédition coulée et tous les frais entrepris en vain.

Je dois dire, que je prenais à sa tristesse une part très réelle. Mais, je fus arraché à mes sombres réflexions par un spectacle que je n'oublierai jamais.

Les noirs — tant ceux de Kraffy que les nôtres, — avaient entrepris le sauvetage de nos bagages. Sur nos indications, ils connurent ce que nous avions perdu. C'était un spectacle vraiment merveilleux que de voir ces hommes se précipiter avec courage dans une mer démontée pour aller lui disputer sa proie. Ils étaient bien une vingtaine, les uns, rattrapant nos cantines à la course pour ainsi dire, les autres plongeant et revenant bientôt à la surface avec une caisse de cartouches ou quelqu'autre objet. Je prenais plaisir à considérer ces hommes qui méprisaient la mer en colère, alors que la mer semblait se jouer de leurs efforts ; car elle les bousculait de telle sorte que tout autre eut infailliblement péri. Autant ils faisaient d'efforts quand ils étaient entre les lames, autant ils étaient calmes lorsqu'un rouleau arrivait sur eux. Ils se laissaient enlever et plusieurs fois je vis une mince muraille d'eau haute de plusieurs mètres, au milieu de laquelle se détachaient nettement les jambes et le corps d'un nègre, alors que la tête seule dépassait. Puis ils disparaissaient de nouveau, allant continuer leurs recherches.

Au bout d'une heure et demie ils s'arrêtèrent. Bon nombre de nos richesses étaient retrouvées : il nous manquait toutefois une caisse de cartouches de chasse et ce qui nous fut plus sensible — notre caisse de cuisine, qui s'étant brisée laissa disparaître nos quelques casseroles, nos assiettes, etc.... il ne nous resta — ironie du sort ! — que la poële ! Aussi pendant les quelques jours qu'il fallut passer à Kraffy, il était très commode de faire la cuisine comme bien on pense ; des boîtes à conserves nous servaient d'ustensiles, et pour avoir un litre d'eau bouillie il fallait bien s'y mettre à douze ou quinze fois.

Personne n'avait été blessé : tandis que nous nous séchions au soleil, le plus grand nombre de nos Sénégalais que nous avions envoyés par la plage, arrivaient avec d'autres bagages.

Un campement provisoire fut établi, là même où nous nous trouvions : un petit abri contre le soleil, nous servit de refuge au lieutenant et à moi, et la nuit arrivant nous nous reposâmes de nos fatigues.

Dès l'aube, le lendemain, les Krouman se mirent en devoir de retourner à Grand-Lahou. La mer était toujours mauvaise et une première tentative de départ ne fut pas heureuse. Je quittais mon lit, quand je vis plusieurs Krouman amenant vers moi l'un des leurs : la baleinière avait chaviré et ce pauvre homme pris par dessous, avait le poignet brisé. Le lieutenant et moi avec nos couteaux, nous taillons aussitôt des débris de caisse pour constituer un appareil, que je fixe au moyen d'un pagne déchiré en lanières.

Je donnai au patron un mot pour le chef de poste, lui indiquant quelques soins à donner ultérieurement au blessé et plus heureux cette fois, les Krouman passèrent la barre et bientôt disparurent à nos regards.

Nous avions l'intention de rester à Kraffy jusqu'à ce que le *Diamant* qui fait le service de la poste sur la lagune y arriva et puisse nous conduire à Dabou. Des noirs étaient partis vers M. Armand qui nous fit répondre que, je ne sais pour quelle raison, il n'y avait pas de vapeur. Force nous fut donc d'attendre à Kraffy encore quelques jours. Les habitants voyant que nous étions dénués de tout ustensile de ménage nous prêtèrent une cruche et des assiettes : néanmoins nous devions faire cuire du riz dans une boîte à graisse et bouillir notre eau dans des boîtes à conserves.

La vie était d'un ennui mortel sur cette plage de Kraffy ; nous ne savions que faire, nous étions attristés par notre récente infortune, nous attendions le *Diamant* ; tout s'unissait pour nous rendre ce séjour désagréable.

Enfin le 10 nous quittons ce village à 9 h. du matin, et pour gagner la lagune nous parcourons de nouveau dans la forêt le petit chemin que nous avions déjà parcouru en février et où j'avais remarqué tant d'ananas. Des pirogues nous attendaient. Nos pauvres impedimenta y sont chargés, puis nous embarquons et le voyage commence par une pluie battante. Heureusement le soleil se montra, mais en revanche il nous grilla consciencieusement jusqu'à 5 h. du soir. En débarquant à Dabou je commençais à me trouver fatigué d'être dans ma pirogue toujours dans la même position ; aussi je mis pied à terre avec joie. M. Armand et le gouverneur M. Péan écoutent le récit de nos malheurs ; ils avaient vu dans la matinée un autre officier, M. Arago, que nous avions d'ailleurs rencontré sur la lagune sur un petit vapeur qui allait nous chercher à Kraffy. Cet officier était arrivé en Afrique en même temps que MM. Quiquerez et de Segonzac et devait je crois opérer parallèlement à eux.

A Dabou ces messieurs discutèrent la marche à suivre. Après l'assassinat de Lahou et l'état de surexcitation existant chez toutes les tribus nègres de la forêt tant à cause de cet assassinat que par suite de la petite expédition autour de Dabou il ne fallait plus songer à reprendre cette route : ces messieurs auraient eu je crois l'intention de remonter le cours de l'Ysi et de suivre un nouvel itinéraire devant rejoindre le premier. M. de Tavernost, qui trouvait qu'un médecin était inutile dans ce pays si salubre et si bon pour les Européens que pas un n'y va qui n'en rapporte quelque maladie, entassait raisons sur raisons pour me décider à revenir en France. D'un autre côté, le nouvel itinéraire devait demander, me disait-on, jusqu'à janvier ou février 1892 et mes affaires me rappelaient avant cette époque.

Je résolus donc de partir ; mais à peine avais-je mis le pied sur le sol de la France que j'appris l'ordre qu'avaient mes compagnons de revenir à leur tour si bien qu'ils prirent le courrier suivant.

Je quittai Dabou le lendemain de mon arrivée sur un chaland à vapeur de la maison Swanzy de Grand-Bassam. J'étais accompagné d'un Français, nouveau venu dans le pays qui se rendait aussi dans cette ville. Le maudit vapeur sur lequel nous étions devait en principe nous débarquer à 5 h. du soir et nous remit à destination modestement à 11 h. 1/2. Nous avions passé toute l'après-midi sous un soleil torride sans avoir pu boire une seule gorgée d'une boisson quelconque rafraîchissante, l'eau de la lagune étant salée : cette situation était intéressante jusqu'à un certain point comme bien vous pensez. Tout était silencieux dans Grand-Bassam à notre arrivée : heureusement mon compagnon de voyage connaissait une case vide qui nous servit d'asile pour le reste de la nuit.

Les jours suivants je logeai chez M. Bricard, chef du bureau de la Résidence, attendant le passage du courrier pour la France. J'embarquai sur le *Stamboul* le 16 avril, et le 17 je disais adieu à la terre d'Afrique.

Départ. — Les Krouman et leurs bagages. — Quarantaine à Dakar. Las Palmas. — Oran.

Nous voyageons d'abord très lentement : il fallait s'arrêter plusieurs fois chaque jour, pour débarquer des Krouman que le steamer rapatriait, et comme toutes les tribus sont en guerre les unes contre les autres, il était nécessaire de débarquer séparément et dans leur pays respectifs chaque groupe de ces hommes.

Le steamer stoppait à un mille ou deux de terre et aussitôt on voyait accourir de nombreuses pirogues dont les patrons font l'office de ces commissionnaires si ennuyeux qui nous assaillent à la descente des trains. Les malles et les ballots des voyageurs rendus à destination étaient descendus au moyen de cordes ; les piroguiers s'arrachaient les bagages au risque de les briser et en remplissaient leurs bateaux : parfois même, ceux-ci trop chargés ou mal lestés, chaviraient ou coulaient, et aussitôt bagages et commissionnaires s'en allaient à la dérive. C'était vraiment curieux de voir ces noirs pataugeant en pleine mer, courant après leurs colis et aussi à l'aise dans l'eau que nous sur le pont du navire ; et d'entendre les récriminations et les cris des possesseurs desdits colis qui, dans leur colère, n'hésitaient pas à plonger du pont du *Stamboul* pour sauver leurs richesses.

Mais, la pirogue se trouvait remplie et pour la vider un noir, dans l'eau jusqu'aux épaules et se maintenant dans cette position par des mouvements continuels des jambes, lui imprimait de brusques impulsions dans le sens de sa longueur la faisant aller et venir jusqu'à ce que toute l'eau ait rejailli dans la mer. On recommençait alors sur de nouveaux frais, heureux si un second naufrage ne venait pas augmenter notre hilarité à tous.

Mon voyage de retour se passa d'une façon fort agréable, abstraction faite des ennuis que me causait l'insalubrité du pays que je quittais. C'est ainsi que je n'ai pu descendre à Monrovia et à Sierra Leone pour cause de maladie.

Trois ou quatre jours après notre départ de Grand-Bassam, nous arrêtons à Konakry dont j'ai déjà parlé, puis nous filons sur Dakar. Mais une mauvaise réputation nous précédait ; on disait que dans le Sud existaient des cas de fièvre jaune et bien que le *Stamboul* n'eut pas touché aux points contaminés on nous mit en quarantaine.

Etant en quarantaine ainsi que l'indiquait le pavillon jaune au grand mât, notre départ suivit de près notre arrivée et dès le lendemain matin nous allions chercher un port plus hospitalier.

Ce fut, si j'ai bonne mémoire, le 28 ou le 29 avril que nous faisions notre entrée à la nuit tombante dans le port espagnol de Las Palmas.

Le dîner était fini et tous les passagers remontés sur le pont respirant l'air frais du soir attendaient le service de santé qui ne se pressait pas de venir.

Nous étions ancrés au beau milieu du port, toujours avec notre pavillon jaune qui doit rester hissé tant que la visite sanitaire n'est pas faite. Faute de mieux, nous nous mîmes à chanter en chœur plusieurs refrains, tels que *Les Montagnards* et *Sur le bi du bout du banc* que j'eus l'honneur de faire entendre, ce qui fit accourir le docteur du bord nous disant : « Nous n'avons pas de malades à bord, c'est vrai ; mais vous allez faire croire que nous le sommes tous ». En ville, on entendit très bien notre concert.

La santé arriva et néanmoins nous admit en libre pratique ; mais comme il était tard je ne descendis à terre que le lendemain.

Le paysage est fort joli : on a devant les yeux un beau panorama de montagnes disposées sur trois plans, interrompues çà et là par des plaines. C'est dans l'une d'elles que se trouve Las Palmas. La ville se compose de deux parties reliées entre elles par une étroite langue de terre où court un tramway. La ville du port est fort peu importante ; quelques maisons. Nous y restâmes seulement le temps de trouver une voiture qui put nous conduire à la ville proprement dite ; et soit dit par parenthèse, il nous fut loisible de constater que les automédons sont aussi ficelle — permettez-moi le mot — à Las-Palmas qu'à Paris, par exemple.

La ville est assez accidentée ; sans cesse il faut monter ou descendre ; les maisons en général peu élevées sont surmontées d'une terrasse : çà et là, on en trouve quelques-unes qui se distinguent par leur beauté. Peu de magasins apparents du moins ; mais partout des fenêtres à volets d'un vert sombre, dont une petite partie, juste assez grande pour y passer la tête, peut s'ouvrir indépendamment du reste. C'est par ces petites ouvertures qu'on babille avec l'ami qui passe, ou qu'on jette un coup d'œil dans la rue ; et en vérité, après n'avoir vu pendant trois mois que des visages noirs au nez épaté, aux grosses lèvres et somme toute peu engageants, il était agréable de contempler ces belles blanches, dont la blancheur s'accroissait encore de la couleur foncée des volets qui encadraient leur visage si mignon aux grands yeux noirs si doux et si expressifs. Leur charme était encore accru par la grâce avec laquelle elles disposaient sur leur tête des mantilles blanches attachées sous le menton et retombant doucement jusqu'aux reins. Fatigué de voir des négresses, je prenais un vrai plaisir à contempler ces Espagnoles et je ressentais comme un avant-goût de celui que je ressentirais en retrouvant les Françaises.

Las Palmas est traversé par un torrent qui descend de la montagne. Entre la cathédrale et la mairie existe une belle place plantée d'arbres ; plus haut et par derrière en existe une autre en forme de jardin public, plantée de palmiers d'un bel effet et placée devant un monument, la préfecture je crois.

Quant à la cathédrale elle-même, elle n'offre rien de particulier sauf un chemin de croix monumental en grands tableaux et un cierge pascal gros comme un arbre.

Après avoir parcouru la ville nous gagnons le tramway qui devait nous ramener, fatigués que nous étions de marcher dans des rues pavées de petites pierres qui massacrent les pieds.

Quelques jours plus tard nous traversons Gibraltar et nous arrêtons à Oran où nous arrivons encore le soir. Quelle jolie cité ! déjà nous sommes en France ; les rues sont remplies d'uniformes français et il nous semble que nous respirons plus à l'aise ; malheureusement nous n'y sommes que quelques heures, le temps de faire quelques emplettes et nous regagnons le *Stamboul* qui le 7 mai nous débarque à Marseille.

VIII

**Réflexions sur le pays et ses produits. — Avenir des Colonies.
Insalubrité du pays. — Religion.
Usages divers. — Caractère. — Conclusions.**

Terminons ce récit par quelques aperçus sur le pays et sur les habitants.

Et, tout d'abord, les colonies qui pourront être fondées dans ces régions, auront-elles un avenir prospère? Peut-être : je dirai pourquoi je fais des réserves. Il est évident que la Côte d'Or offre des ressources; on y fait le commerce de l'or que les noirs recueillent par le lavage du sable; j'ai même entendu dire qu'au delà de Tiassalé existaient des exploitations de mines du précieux métal. Qu'y a-t-il de vrai? Je l'ignore. Nous avons aussi l'acajou, qui n'est pas rare dans les forêts, et dont les indigènes se servent pour construire leurs pirogues; l'ivoire ne paraît guère exister que vers l'intérieur et encore, les noirs ne semblent pas très disposés à s'en défaire. Mais ce qui, à mon sens, serait susceptible d'un commerce plus actif, c'est l'huile de palme, huile rouge, épaisse, comestible à condition d'être fabriquée et consommée le même jour; on en expédie de grandes quantités en

France, pour la fabrication du savon, dans d'énormes tonneaux appelés ponchons.

On la tire du fruit du palmier, qui abonde dans les forêts et dont les noirs détruisent de grandes quantités pour en tirer le vin de palme. Malheureusement, ils n'utilisent que la pulpe du fruit et dédaignent la noix, beaucoup trop dure pour être brisée par les moyens dont ils disposent. Cela est évidemment très regrettable, car une grande quantité d'huile se trouve ainsi perdue : à chaque instant dans les villages, nous trouvions pour chauffer le *Faidherbe*, des noix de palme inutilisées, autant que nous en voulions.

Du côté de Grand-Lahou, le centre principal du commerce de l'huile, est le village de Yocoboé sur la lagune de Loza, que, soit dit par par parenthèse, il serait grandement utile de dominer entièrement par l'installation de douanes à Petit et à Moyen-Lahou : le poste de Grand-Lahou est notoirement insuffisant pour empêcher la contrebande que des navires anglais font continuellement et sans scrupules [1].

Tels sont les produits que les noirs peuvent nous donner : en échange, ils prendraient nos alcools !!! poudres, fusils à pierre, étoffes, quoiqu'ils en fabriquent de fort belles dans le Baoulé, perles, rasoirs, etc....

Comme aspect général, le pays, couvert de forêts, paraît fertile ; le cotonnier y pousse à l'état libre ; le caféier y prospère quand on le cultive : on y rencontre encore le ricin palma christi, le papayer (*carica papaya*), dont les fruits verts, gros comme une citrouille, ont une chair comparable à celle du melon, mais moins agréable au goût, et dont on retire un principe, la papaïne, utilisée en médecine dans le traitement des

---

1. Depuis mon retour en France (mai 91), j'ai appris qu'un poste avait été installé à Moyen-Lahou.

dyspepsies ; les bananiers, qui donnent aux nègres leur principale nourriture ; peut-être pourrait-on extraire des bananes du sucre et une farine alimentaire ; des arbres à caoutchouc, des orangers, des citronniers, l'arbre à pain et les divers arbres dont j'ai déjà parlé, fromagers, rogniers, manguiers, etc...

En fait d'animaux utiles, le pays est complètement déshérité : on n'y trouve guère que quelques poulets étiques et coriaces, de petits cochons noirs, des canards excellents, des moutons maigres, et de petites vaches qui ne donnent pas de lait. En admettant même qu'ils possédassent cet aliment, peut-être les noirs ne sauraient-ils pas en user mieux que des œufs que donnent leurs poules, et dont ils se servent exclusivement pour honorer les fétiches.

Souvent, en effet, au pied d'un arbre ou sur le bord d'un chemin, on trouve un œuf brisé à côté de quelques petits bâtons plantés en terre et d'une planchette disposée d'une façon spéciale (carré, dont les deux angles supérieurs sont coupés) ; c'est fétiche !

En fait d'animaux sauvages ou nuisibles, on a le bœuf, l'antilope, le singe, l'iguane, les lézards en nombre infini, le chat tigre, des serpents variés, la civette, les caïmans, les poissons scies, les hippopotames.

Les oiseaux, outre une multitude de petits oiseaux au plumage superbe, parmi lesquels l'oiseau mouche, sont le héron plus petit que le nôtre, l'aigle pêcheur, les tourterelles, le gendarme sorte de moineau à plumes jaunes, vivant en société — certains arbres portent 20 à 30 nids de gendarmes — le perroquet qui passe en bandes bruyantes, de petites bécassines, l'aigrette, le courlis de mer, le goëland, le calao, le charognard, sorte de petit aigle, qui comme son nom l'indique nettoie les rues avec une grande attention.

Les poissons les plus variés vivent dans les lagunes surtout à Grand-Lahou : on y trouve en particulier d'énormes brochets de dix à douze livres qui nous coûtaient deux manilles, c'est-à-dire huit sols.

En fait de fruits, combien nous étions pauvres ! Les bananes sont à mon goût, un fruit détestable : on dirait avoir dans la bouche un pot de pommade. Je fais exception toutefois pour une petite espèce dont malheureusement j'ai vu peu de représentants. Les fruits ne sont guère plus longs que le doigt et aussi agréables au goût que le sont peu les grosses bananes couramment consommées. Cependant coupée en tranches et frite dans la graisse, la grosse banane, se laisse manger. A ranger dans la même catégorie, les mangues qui donnent l'illusion d'un verre d'essence de térébenthine. Les papayes sont rafraîchissantes mais laissent aux doigts une odeur désagréable ; les goyaves surtout assaisonnées avec du vin sont exquises et rappellent absolument nos fraises ; les ananas sont délicieux. Enfin je citerai les ignames, racine bien inférieure à nos pommes de terre, et les patates douces, pomme de terre sucrée.

J'ai dit que les établissements fondés dans ce pays auront *peut-être* un avenir brillant ; et la raison de ma restriction réside dans l'insalubrité du pays.

Je considère la Côte d'Or, comme le type du pays malsain. Quand j'entends dire que l'insalubrité du pays a été exagérée, je reste étonné. Nous avons là, en effet, une chaleur torride unie à une humidité constante du sol. A chaque pas des marigots presque à sec ou des lagunes d'où s'échappent à tout instant des émanations méphitiques. Les forêts sont d'une humidité étonnante ; aussi l'infection palustre règne en maîtresse dans ce pays sauvage : tout blanc qui y habite est un candidat au paludisme et ceux qui reviennent indemnes doivent être considérés comme la très grande exception.

La dysenterie, sans être très fréquente, se rencontre encore ; les insolations seraient fréquentes, si des précautions n'étaient pas prises.

Eh ! que faut-il de plus, mon Dieu, pour constituer un pays malsain ? Et encore je ne parle pas de l'anémie et de l'affaiblissement causés par la chaleur.

On dit que le paludisme apparaît quand on fait des terrassements, des travaux, etc... C'est une erreur absolue : il n'apparaît pas, puisqu'il existe toujours ; il devient plus terrible, voilà tout ; aussi, je persiste à dire qu'un climat chaud, très humide, bas, parsemé de marais comme celui de la Côte d'Or, est éminemment malsain, car, on y voit toujours à la recherche de nouvelles victimes, la maladie qui pèse le plus lourdement sur l'humanité, le paludisme, qui force les hommes à compter avec lui dans toutes leurs entreprises, qui à lui seul a décimé des armées et détruit des villes, telle que la ville de Brouage, qui fortifiée par Richelieu au XVIIe siècle, est d'une telle insalubrité, que tous les établissements furent portés à Marennes en 1730. Cette cité, autrefois si peuplée est aujourd'hui si réduite, qu'il a fallu y adjoindre un hameau pour en faire une misérable petite commune ! Comment résister à un pareil fléau dans un pays où l'on manque de tout, quand en France il reste vainqueur ??

Mais, dira-t-on encore, les blancs qui habitent ce pays, deviennent malades forcément, car ils suivent une hygiène déplorable.

C'est vraiment facile, au milieu des travaux divers, de se soumettre aux règles d'une hygiène qui ne servira de rien ! Il n'y a pas d'hygiène à observer contre l'intoxication palustre, et toute mesure prise dans ce sens, est rendue nulle par le fait même du séjour en pays contaminé ; ou plutôt, il n'y a qu'un remède ; s'en aller.

Je dois dire, cependant, qu'il n'est pas impossible que l'acclimatement se fasse, et que l'européen finisse par avoir une existence à peu près tranquille. Malheureusement cette ère de prospérité est peut-être encore bien loin ! !

Après le pays, voyons les habitants.

Leurs costumes, ont été déjà décrits : ils se composent toujours d'une ceinture large deux fois comme la main, qu'ils se passent plusieurs fois entre les jambes et autour de la taille, et le plus souvent d'un pagne, c'est-à-dire une pièce d'étoffe assez grande, de couleur variable, dans laquelle ils se drapent, comme autrefois les Romains. Certains, n'ont que la ceinture ; mais les femmes, ont toujours un pagne, qu'elles portent comme une jupe, mais, que parfois elles amènent jusque sur leurs épaules, lorsqu'elles sont en butte aux regards des hommes.

D'une façon générale tous les noirs sont fétichistes sur la côte, comme vers l'intérieur. Ils ne connaissent pas le génie du bien, ou du moins, ne l'adorent pas : ils réservent leurs hommages pour l'esprit malin, qu'ils s'efforcent d'amadouer.

L'histoire de leur dieu, est assez drôle ; car, il faut dire, qu'ils ont un Dieu, que chacun adore, et c'est en plus, pour ainsi parler, que chaque noir a ses fétiches. Voici l'histoire en question.

Il existait autrefois un Dieu nommé Bogri, vieux, sale, maussade, paresseux, dont le fils Tanoë, était au contraire propre, intelligent, travailleur et détestait son père à cause de ses défauts. Il ne voulait pas, cependant, se mettre en rébellion contre lui : de son côté, Bogri, ne demandait qu'à se défaire de son fils, et pour y arriver, il usa du stratagème suivant. Ayant fabriqué une longue corde, il ordonna à Tanoë d'en prendre l'extrémité, et de marcher devant lui jusqu'à ce qu'il sentit la corde lui résister, afin, disait-il d'en mesurer la longueur. Tanoë marcha ainsi des mois entiers ; puis étant arrivé à la rivière à laquelle il donna son nom, il réfléchit, qu'il n'était pas possible que son père eut fait une corde si longue. Il s'arrêta, et tira à lui la corde dont il eut bientôt le bout. Comprenant qu'il avait été joué par son père, il se fixa là où il était.

Parmis les noirs, la plupart adorent Tanoë et sont vêtus de blanc chaque semaine pendant le jour qui répond à leur naissance. Ceux qui adorent Bogri sont au contraire vêtus de noir dans la même circonstance. Ils ne permettent pas qu'on traverse la rivière Tanoë sans avoir des vêtements blancs ; c'est ainsi qu'ils racontent avec plaisir, le cas d'un canot d'officiers de marine qui, naviguant sur cette rivière, en uniforme bleu, chavirèrent et perdirent leur ancre.

Lorsqu'un noir commence à boire ou à manger il a toujours soin, de jetter à terre quelques gouttes ou une bouchée de ce qu'on lui offre ; c'est pour Tanoë ! Si le plat qu'on lui sert, n'est pas de son goût, il en donne beaucoup à son dieu ; si, au contraire, il en est gourmand il en donne fort peu ; et si, on lui fait remarquer, qu'il ne jette guère d'alcool pour Tanoë, il répond, qu'étant beaucoup à lui offrir, s'ils en donnaient trop, ils l'enivreraient.

Indépendamment de Bogri et de Tanoë, les noirs, comme je l'ai dit, ont leurs fétiches. Il serait impossible, sans remplir un volume, d'énumérer ce que sont ces fétiches. Tout objet, quelqu'il soit, peut en tenir lieu, car la religion consiste essentiellement en une superstition stupide et très enracinée, qui fait que les noirs accordent une puissance mystérieuse à ce qui les entoure.

J'indiquerai cependant, quelques-uns des fétiches les plus communs. L'or est fétiche, mais, ce n'est point le métal brut, c'est l'or ouvragé, et souvent avec habileté. Ils en fabriquent des bracelets, des bagues, etc., mais, tous ces objets désignés sous le nom d'or fétiche, contiennent le plus souvent autant de cuivre que d'or. Lorsqu'un village révolté a été condamné à payer une amende, il paie en or fétiche. Ils ont cependant des objets fétiches en or pur.

Les fétiches, sont très variés : c'est ainsi que si des noirs en pirogue, veulent faire une bonne traversée, ils placeront une banane par exemple sur leur bateau : ce sera le fétiche, auquel on ne doit pas toucher ; et si d'aventure, il arrive que la barque chavire, c'est que le fétiche n'était pas bon. Aussi, dès qu'ils sont à terre, les naufragés prennent le mauvais fétiche, le piétinent avec rage, et le remplacent par un autre. Les Krouman, prêts à passer la barre, et ennuyés d'attendre une accalmie qui ne vient pas, jettent du sable dans la mer pour apaiser les flots !!

Très souvent, le fétiche est suspendu à la porte de la maison : c'est un coquillage, quelques brins d'herbe, un poulet vivant ou mort, des plumes d'oiseau. D'autres, ont pour leur fétiche un endroit spécial dans la case. Telle est l'histoire du limaçon fétiche, dans la case de Quassi à Grand-Lahou. Il arrivait fréquemment, lorsque nous avions tué un charognard, que le chef fit réclamer des plumes et le foie, pour faire fétiche.

Les morts ont aussi leurs fétiches. Sur une tombe, aussitôt après l'inhumation, et plus tard, — sans doute à des dates spéciales — on place une bouteille de rhum, un verre et souvent un autre vase en terre. Bien que la bouteille soit pleine, aucune crainte à avoir qu'on ne touche à ce tord-boyau, car il est fétiche et tout le monde le respecte. De même, ces bouteilles de rhum ou à rhum, — cela dépend sans doute de la générosité ou de la richesse du fétichiste — sont suspendues aux branches des arbres.

Ces pratiques bizarres ne sont pas les seules ; je citerai la cérémonie des œufs brisés, dont j'ai parlé, et les souris du vieux roi John de Grand-Lahou. Ce vieillard imbécile, avait aussi sur le bord de la lagune, une petite case de deux à trois mètres carrés et à ciel ouvert, dans laquelle croissait misérablement un arbusto rabougri ; c'était fétiche. D'autres fois, c'est une sorte de petit hangar, tel que j'en ai vu un à Kraffy, qui abritait un petit vase en terre dans lequel il n'y avait rien.

Je n'insiste pas sur les nombreux fétiches que les noirs portent sur eux, coquillages, perles de corail, manilles, morceaux de ficelles, etc....

Chaque noir fait fétiche : cette expression comprend diverses cérémonies auxquelles ils se livrent pour obtenir ce qu'ils désirent. Ces pratiques consistent le plus souvent en tatouages qu'ils se font sur le corps, mais surtout sur la figure, soit avec de la banane cuite, soit avec du blanc, soit avec du charbon.

Tout autres sont les faits et gestes des féticheurs qui sont comme les sorciers du village. A Tiassalé un féticheur qui « officiait » fit un jour les simagrées suivantes, d'après ce que m'a raconté le lieutenant de Tavernost. Il était assis, et tenait au dessus d'un foyer non allumé, un coq vivant, la tête en bas ; il resta environ une demi-heure immobile avec son coq, au bout du bras et toutes les fois que l'animal relevait la tête, le féticheur par son jeu de physionomie, faisait voir aux assistants qu'il avait compris ! !

Un autre jour à Grand-Lahou, un de nos porteurs nommé Quassi était presque nu dans une case, exécutant une danse bizarre. Des noirs lui versaient sur le corps de l'eau froide. Ce bain dura une demi-heure, si bien que notre homme grelottait : à la fin, il demanda un coq qui lui fut aussitôt apporté. Il lui enleva les plumes du dos, puis brusquement, il plaça la partie dénudée entre ses dents, ouvrit l'animal d'un coup de mâchoires et lut dans les entrailles de sa victime. Ce fait m'a été raporté par un blanc qui venait d'en être témoin[1].

1. Comme on vient de le voir, par ce court aperçu, la religion des nègres consiste en un fétichisme grossier procédant d'un sentiment vague, qui fait qu'on

Le fétiche sert aussi à rendre la justice.

Lorsqu'un différend s'élève entre deux noirs, et que ceux-ci vont trouver le féticheur, ce dernier leur fait boire un poison spécial, et celui qui meurt est le coupable. Mais, en réalité, suivant l'importance du cadeau qu'il a reçu, le féticheur adjoint un vomitif au poison, de sorte que l'innocent est toujours celui qui a fait le plus beau cadeau.

Ce n'est pas là cependant, ce qu'on appelle « faire boire fétiche. » Voici en quoi consiste cet usage. Lorsqu'un maître acquiert un esclave, pour que celui-ci n'ait pas la fantaisie de s'échapper, on lui fait boire fétiche, c'est-à-dire qu'il prend un breuvage quelconque qui doit le faire mourir s'il se sauve. Il n'en faut pas plus, pour lui ôter toute velléité de s'échapper.

Et à ce propos, il est bon de savoir que si l'esclavage existe, il n'a rien de cruel. Les esclaves sont le plus souvent des prisonniers de guerre : leur condition est très acceptable, et assez comparable à celle de nos domestiques en France. Ils s'occupent de la maison. vont chercher du bois, cultiver les bananiers,

accorde une puissance mystérieuse aux objets environnants, même inanimés. Mais au-dessus du fétiche, nous voyons le dieu Tanoë. C'est là une preuve que, quoi qu'en dise le rationalisme, le fétichisme n'est pas la première manifestation du sentiment religieux. Le fétiche par lui-même ne signifie rien, et il n'est pas raisonnable d'admettre, qu'un peuple. si peu civilisé qu'il soit, accorde ses adorations à des objets quelconques, qui ne peuvent par eux-mêmes donner l'idée d'une puissance supérieure à l'homme. Que l'homme accorde ses tributs d'hommage à des choses qui le frappent, et lui donnent le sentiment de son infériorité, comme le tonnerre, le soleil, etc.... soit ; mais, que le sentiment religieux, qui accuse toujours une certaine élévation d'esprit. commence par l'adoration d'une plume d'oiseau, d'un foie de charognard, d'une banane ou d'un œuf, voilà ce qu'on ne peut accorder. « Bien que nous ne connaissions que très imparfaitement la religion des nègres, dit, M. Max. Muller, dans l'*Origine de la Religion*, p. 97, 98, je crois pouvoir dire que partout où l'on a pu, par une longue et patiente familiarité, reconnaître l'état réel des sentiments religieux des sauvages, fût-ce des tribus les plus dégradées, on a trouvé quelque chose au-delà de ce culte du fétiche......... je sais que le nègre est capable d'idées religieuses plus hautes que le culte d'un tronc d'arbre ou d'une pierre, et que mainte tribu qui croit aux fétiches, entretient en même temps des idées très pures, très hautes, très justes de la Divinité. »

La croyance à l'existence de Tanoë, Dieu très puissant, et très honoré, vient à l'appui de ces paroles, et c'est pourquoi j'ai ouvert cette parenthèse que je me hâte de fermer, car elle sort du sujet, et quoique traitant des sujets les plus intéressants.

récolter du vin de palmes dans les forêts, pour le compte de leurs patrons. Jamais je n'ai vu de brutalités se produire : au contraire, les esclaves me paraissent prendre part aux réjouissances et aux fêtes, comme s'ils étaient de la famille. Il est donc bien inutile de crier si fort contre l'esclavage entre noirs : la domination des blancs est autrement lourde [1].

La polygamie existe, mais doit être en rapport avec la fortune de l'homme car on achète sa femme. Il paraîtrait même que si plus tard on la renvoie, on rend l'argent ! ! ! A Grand-Bassam, les noirs se marient dès qu'ils ont de quoi acheter une femme, c'est-à-dire une once d'or: 95 fr. A Grand-Lahou, on donne au père pour prix de la femme, trente paquets de manille (30 fois 4 fr., une manille vaut 0 fr. 20), quatre fusils de traite (fusils à pierre) trois barils de poudre, et un collier de perles noires, valant bien vingt-cinq sols. Ce n'est vraiment pas cher, surtout quand on est bien tombé......

Comme organisation sociale, tout est rudimentaire bien entendu ; l'autorité du chef n'est pas très considérée, et souvent rien ne distingue le roi de ses sujets, sauf sa canne.

Je n'ai vu qu'une seule fois la justice se montrer : c'était à Tiassalé. Un noir avait tenté de frapper un autre noir avec son couteau. Il fut aussitôt pris et condamné à la peine suivante. Un étrier en fer, trop petit pour que la main pût passer entre ses branches, était à cheval sur son poignet et enfoncé à coups de marteau dans une énorme pièce de bois longue de deux ou trois mètres. Le malheureux ainsi pris par le poignet, était forcé de rester constamment assis ou couché : son supplice dura deux ou trois heures.

1. Je ne parle que des populations que j'ai visitées. Il paraît, au contraire, d'après les récits des voyageurs, que dans l'intérieur des terres, il existe un esclavage très dur, approvisionné par les musulmans.

Toutes ces populations indolentes qui ne donnent qu'une somme de travail très minime, se nourissent fort peu : quelques bananes et du poisson fumé constituent la nourriture ordinaire : ce qui n'empêche pas les hommes d'être bien constitués, grands, fortement musclés : leur couleur est d'un brun foncé, analogue aux statues de bronze, et leur peau semble huileuse et brille au soleil. Les femmes sont plus petites. Quelques-unes, — le petit nombre — ont une physionomie qui n'est pas désagréable, lorsqu'on s'est habitué à ne voir que des visages nègres. Elles sont bien faites jusqu'à l'âge de 17 ou 18 ans ; mais ensuite, la taille se défait, les formes s'affaissent et, somme toute, l'ensemble n'a rien de gracieux. Une chose remarquable chez les noirs, ce sont les dents, qu'ils ont d'une blancheur éblouissante. Continuellement, ils mordillent un bois spécial dont ils se frottent les dents : c'est ce qui contribue sans doute à les rendre si belles. Ils y tiennent d'ailleurs beaucoup, car tous les soignent assidûment.

La race, au fond — si j'en excepte la population nomade, des Apolloniens, — la race, dis-je, ne paraît pas méchante ; mais tous ces sauvages sont un peu filous. Ce qui les distingue, c'est l'absence de tout sentiment généreux : jamais de reconnaissance et pour prendre un exemple qui m'est personnel, s'ils ont été soignés par un blanc, c'est à peine s'ils remercient : ils me quittaient en disant, que si je les avais soignés c'est que cela me faisait plaisir. A plus forte raison, dans ce pays, ne faut-il pas avoir l'outrecuidante précaution de réclamer des honoraires. Le médecin blanc, serait aussitôt « lâché » et on retournerait vers le féticheur.

De même, si l'on donne une gratification à son domestique, il n'en sait aucun gré, car, d'après lui, cette gratification ne lui a été faite, que parcequ'on pensait la lui devoir.

Bien mieux lorsqu'on rencontre un indigène qu'on a obligé

d'une façon quelconque, non seulement il s'abstient de saluer, mais encore, il ne rendrait pas le moindre service, sans demander à être payé.

Je ne sais pas, après tout, pourquoi je m'étonne de ces mœurs dont l'équivalent existe chez les blancs! Sans beaucoup chercher peut-être, ne serait-il pas impossible de trouver chez nous des hommes qui en veulent à celui qui leur a rendu service. Les noirs, ne vont pas jusque-là !

La paresse et l'insouciance, atteignent, en ce pays, leur plus bel épanouissement. Le nègre n'a de goût, pour aucune industrie : il ne cultive point et ne fait d'huile de palme que parcequ'il existe des factoreries qui l'écoulent. Il préfère rester tranquille sans faire la moindre besogne. Les hommes ne font guère autre chose, que de fabriquer leurs filets pour pêcher et de coudre des étoffes. Ce sont les femmes qui exécutent les travaux les plus durs.

Jamais, ils ne songent au lendemain : s'ils sont revenus de la pêche avec du poisson, ils le font sécher au soleil, le salent, le font fumer, et tant qu'ils ont du poisson, ils en mangent et ne pensent à s'approvisionner de vivres, que quand ils n'ont plus rien.

Insouciance, paresse, ingratitude, ivrognerie, telle est la caractéristique du noir.

Le vin de palme est leur boisson favorite : ils en font une consommation énorme. Ce vin n'est autre chose que la sève du palmier dont les fruits donnent l'huile. On le recueille de la façon suivante.

Ils commencent par abattre l'arbre, puis, après avoir pendant quelque temps entretenu un foyer près de l'extrémité inférieure sans doute pour attirer la sève de ce côté, ils placent sous une encoche profonde un large récipient, qu'on va chercher tous les soirs ; on le trouve rempli d'un liquide dont l'aspect rappelle celui du petit lait : la saveur en est aigrelette et rafraîchissante. Ce liquide, fermente très vite et est assez alcoolique pour enivrer quiconque en boit trop. Un palmier donne une douzaine de litres par 24 heures, et ce, pendant 8 ou 10 jours.

Sur la côte le langage est un mélange de nègre, d'anglais et de français : mais dans l'intérieur, la langue la plus employée est l'Agni. J'ajouterai que les nègres parlent avec une volubilité incroyable et que la mimique joue dans l'expression de leurs pensées un rôle presque aussi important que la parole. Voici quelques-uns de leurs mots :

Bonjour — Ayoka.
Soyons amis — misiguifo-qua alloo.
Pas avoir peur — no soro.
Bananes — bana.
Donne-moi une banane — mamé bana.
Igname — roué.
Poule — aquo.
Mouton — boua.
Chèvre — kouma.
Sel — ennegué.
Tabac — deké — tabac.
Pagne — lané.
Bois — baka.

Feu — cin.
Bœuf — naré.
Eau — usué.
Vin de palme — dsavoufoé.
Lianes — niama.
Œuf — kloufia.
Poisson — euggué.
Ananas — aboroubé.
Papaye — blafié.
Merci — nacio.
Comment s'appelle ? — di-gaïka bléfécé.
Combien — botoécé.
Poudre d'or — sika.

Autant que j'ai pu m'en rendre compte, le nombre de leurs mots est très restreint, et pour exprimer une pensée avec plus d'énergie, ils en sont réduits à répéter plusieurs fois de suite le même mot. Ainsi ils ne diront pas « très loin » mais, « loin, loin, loin, loin. » Il doit être d'ailleurs fort difficile de parler comme eux, car, leur élocution est tellement rapide, que même quand on connaît leurs mots, on a grand peine à les distinguer, au milieu de leurs phrases.

Et maintenant, quelles réflexions nous suggère cette petite excursion au pays des sauvages ? C'est que, sous prétexte de civilisation, mais, en réalité pour nous enrichir, nous allons troubler des peuplades, qui ne demandaient qu'à ne pas nous connaître. — Je ne parle pas ici des Français en particulier : *Je parle, de tous les peuples blancs, quels qu'ils soient,* qui vont établir par la force, leur domination chez les noirs.

Je ne voudrais pas qu'on vienne croire, que je vais entreprendre de démontrer la supériorité du noir sur le blanc ; jamais pensée n'a été plus loin de mon esprit, et blanc moi-même, en faisant l'apologie du noir aux dépens de ma race, je jouerais un jeu au moins singulier. Je considère, au contraire, comme inférieures ces races, qui dans bien des points du globe, réussissent avec peine à se faire tolérer des blancs ! mais, tout esprit de race à part, et me plaçant à un point de vue plus élevé, au point de vue de la justice et du droit des gens, je dis que les incursions des blancs chez les noirs, avec l'intention de prendre possession du pays *malgré les habitants,* et de s'y établir *malgré les habitants,* est une atteinte portée au droit, à la propriété de ces peuplades sans défense.

Le rôle que nous allons jouer dans ces pays, est un rôle de bandits. Qu'allons-nous faire si loin, je vous le demande ? Confiants dans notre propre force, et dans la faiblesse de nos ennemis, nous allons nous installer là, comme en pays conquis ; et puis, l'homme sentant le besoin de cacher sa mauvaise action sous une étiquette honorable, nous arguons de la civilisation, comme on se sert du pavillon pour couvrir la marchandise.

La civilisation ! quel beau mot, et surtout quel mot élastique ! et, combien cette civilisation est dans un certain sens, beaucoup plus belle pour ceux qui ne la connaissent pas, que pour ceux qui en jouissent !!! Sans doute elle est séduisante et digne d'être répandue, celle qui a donné aux hommes les principes d'ordre, de religion, de justice ; celle qui a appris à respecter les droits et à connaitre les devoirs ; celle qui a conduit à la science, aux découvertes, et a ainsi contribué puissamment à accroître le bien-être des humains: mais il ne faut rien exagérer, et la civilisation que nous portons chez les peuples sauvages, est telle que nous n'en voulons pas chez nous. C'est un article d'exportation.

Voyez plutôt : le premier sentiment éprouvé par des blancs à peine arrivés sur le continent noir, est un sentiment de mépris et de colère, contre les indigènes, qui ont l'audace de vouloir chasser les envahisseurs de leur patrie. Et quelle conduite aurions-nous donc, je vous prie, si par hasard, nous voyions débarquer chez nous une armée noire, avec l'intention de s'emparer de notre pays ? Voyez-vous aussitôt, toutes les autorités en mouvement, les dépêches succédant aux dépêches, les ordres aux ordres, les troupes mobilisées et chargées de repousser les nouveaux venus. Et vous voudriez que ceux dont nous allons troubler la tranquillité, pour être les moins forts, ne nourrissent pas à notre égard les mêmes sentiments ? Vous voudriez les voir faire leur soumission dès votre arrivée ; mais soyez-donc conséquents avec vous-mêmes ; tout homme où qu'il soit né, a les mêmes sentiments de patrie, de conservation personnelle et de propriété; mais ils seraient des lâches, ces hommes noirs s'ils ne nous résistaient pas!! Ils vous résistent, au contraire, victorieusement parfois, mais trop rarement, et c'est cette résistance que vous ne sauriez trop louer si elle venait de votre part, qui a le don de vous mettre en fureur ! Réfléchissez un peu, et si vous êtes francs et sincères avec vous-mêmes, vous serez convaincus, que ce n'est pas du côté de vos ennemis que se trouvent les lâches.

Une fois la domination des blancs établie, comment la civilisation s'établit-elle à son tour? Par l'alcool! et un alcool de belle qualité, je vous assure. Quel rôle honorable, en vérité, que de flatter les passions de ces populations sauvages, en leur faisant connaître ce qu'elles ignoraient ; quelle séduisante manière de les civiliser, que celle qui consiste à les détruire à petit feu, à les empoisonner : car, on les empoisonne positivement, en leur servant ce produit de la civilisation européenne, cet alcool épouvantable, plus épouvantable peut-être, que les pires des alcools qui abrutissent déjà tant de blancs.

Voilà ce que font les blancs chez les noirs, sous couvert de civilisation et de commerce ; et, ne vous semble-t-il pas maintenant, qu'ils ont raison de vous résister, ces hommes dont vous allez déranger l'existence, ces hommes qui vivaient heureux dans leur paresse et que vous forcez à travailler, à qui surtout, vous apprenez à se créer des besoins qu'ils ne connaissaient pas, et qui souffriront désormais dès qu'ils ne pourront plus les satisfaire.

Telles sont les réflexions que maintes fois j'ai faites au cours de mon voyage ; et voilà pourquoi je dis que les blancs foulent aux pieds le droit des gens et abusent de leur force, quand ils vont voler les nègres, quitte à les civiliser ensuite avec le poison, quand ce n'est plus à coups de fusil.

Qu'on explore des pays inconnus ; qu'on fasse avancer la géographie ; qu'on étudie la botanique, le faune, le climat ; qu'on fasse de l'etnographie ; qu'on fasse même du commerce, fort bien : mais que chacun reste chez soi. Les noirs ont autant de droit à posséder leur pays, que les blancs à posséder le leur, et nul n'a le droit de le prendre. Les blancs des diverses nations, trafiquent entre eux, et voyagent les uns chez le autres sans songer à s'approprier le pays d'autrui. Pourquoi n'agissent-ils pas de même avec les nègres ? Parcequ'ils sont les moins forts ? Mais, peuples civilisés, qui avez la prétention de répandre à travers le monde cette civilisation dont vous êtes si fiers, c'est en son nom que vous devriez respecter les faibles, et cette faiblesse même ne devrait vous inspirer d'autre sentiment que celui de la générosité.

Il n'y a qu'un moyen de répandre une civilisation bienfaisante c'est par les missionnaires.

Je m'en voudrais de passer sous silence, une autre plaie du du pays, plaie qui, à la vérité, ne fait pas mourir les hommes, mais qui les gêne singulièrement dans leur existence : je veux parler de l'administration.

Depuis longtemps, administration est devenue synonyme d'ennuis de toute sorte, créés comme à plaisir, et je ne connais pas pour ma part, d'accouplement plus monstrueux que celui d'intelligence avec administration. Dans ce pays si lointain, ce sont partout des paperasseries sans fin, des bureaux, des chefs de bureau, des employés subalternes, etc., etc... On ne peut faire un pas sans être obligé d'avoir affaire à cette institution maudite ; bientôt on ne pourra plus parler sans sa permission.

Croirait-on que dans nos colonies de la Côte d'Or, ce sont l'or et l'argent anglais qui font prime, et que très souvent les pièces françaises sont refusées ? Franchement, depuis quelle est installée, l'administration qui, partout où elle se trouve, a l'air de se croire si utile, avait là une belle occasion de montrer une fois par hasard, qu'elle est bonne à quelque chose, en faisant accepter la monnaie française dans un pays français. Mais non, là comme ailleurs, elle se dérobe quand il faut agir avec raison, pour se montrer pompeusement, quand elle peut causer des ennuis à ceux qui sont forcés de la supporter.

En dernière analyse, après l'intéressant voyage que je viens de faire quelles conclusions puis-je formuler ?

J'ai visité un pays qui paraît fertile, et dont on pourra tirer quelque profit, mais à la longue, car on aura affaire à un ennemi redoutable et difficile à dompter. Je veux parler de l'insalubrité du pays.

Les populations indigènes, seront je crois, faciles à convaincre, et nous laisserons nous installer chez elles sans trop de résistance, à moins que les Anglais ne nous nuisent dans leur esprit. Toutefois, les peuplades de l'intérieur, pourraient bien être moins accommodantes.

Les meilleurs moyens de colonisation, ne sont à mon avis, ni l'alcool, ni la poudre, ce sont les missionnaires. Il existe un proverbe qui dit qu'on ne prend pas les mouches avec du vinaigre, de même, on ne prendra pas les nègres par la violence, mais par la douceur.

La Flèche, 1892.

D' L... TUVACHE.

APPENDICE

———

Je terminerai ce travail par quelques aperçus succincts de climatologie, et de pathologie.

D'une façon générale, tout tend à la suppuration. J'ai souvent observé, non seulement sur les nègres, mais aussi sur moi, que le plus petit accident de la peau — piqûre de moustique, éraflure légère — qui sans être soigné n'a en France aucune suite, ne tarde pas sur la côte d'Afrique à devenir un lieu de purulence. De temps à autre, on observe sur la peau, en un point d'ailleurs parfaitement sain, une petite élevure blanche, non douloureuse, grosse comme une tête d'épingle, et qui contient du pus. Après évacuation, cette petite pustule ne se remplit pas il reste seulement une petite tache rouge.

Sur les nègres les blessures suppurent aussi avec la plus grande facilité, et le fond de la plaie prend un aspect atone.

Voilà pour les plaies. Voyons maintenant la peau saine Fréquemment, on peut voir des indigènes, surtout des femmes posséder des hygromas aux genoux, et parfois aux coudes, mais plus rarement. Il est difficile de savoir comment viennent ces hygromas, les noirs, ne s'étant jamais prêtés de bonne grâce à mes interrogations. Je pense que peut-être certaines négresses ont l'habitude de piler leurs bananes à genoux ; mais pour les hygromas des coudes, je ne sais à quoi les attribuer.

Ce qu'on remarque aussi, c'est l'énorme développement de l'abdomen des enfants, qui semblent quelquefois avoir une ascite abondante. Cette distension me paraît devoir être attribuée à la dilatation stomacale et intestinale, produite par leur alimentation de bananes, d'ignames, de maïs, de manioc, etc.

Beaucoup d'enfants, sont porteurs de hernies ombilicales à tous les degrés, depuis la simple pointe de hernie, jusqu'à la hernie dont l'orifice permet de passer le poing. Cette infirmité me semble dûe au défaut de soins donnés aux nouveau-nés.

Voici maintenant des observations de température et de pression barométrique :

Heures de Paris. — thermomètre centigrade.

       t. = température

       h. = pression barométrique.

Comme nous ne pensions faire que passer à Grand-Bassam, nos bagages ne furent point ouverts, et aucune observation prise. Néanmoins du 27 janvier au 6 février, j'ai constaté que dans la journée le temps fut beau ; mais le soir le ciel devenait nuageux le temps lourd, orageux : les éclairs sillonnaient le ciel au commencement de la nuit.

Le pays est bas, humide et palustre. Sur un marigot, qui se trouve devant la Résidence deux hommes nouvellement arrivés dans le pays, passent une après-midi à pêcher, le lendemain l'un d'eux était fébricitant.

A Grand-Lahou la pression est constamment à 760 ᵐ/ᵐ : les variations ne sont que de 1 à 2 dixièmes de ᵐ/ᵐ — de temps à autre (2 fois en 10 jours) pendant la nuit, tornades, vent impétueux, éclairs, tonnerre, pluie très violente pendant une demi heure, puis plus calme, pendant plusieurs heures.

La température est très élevée comme l'indiquent ces chiffres.
Le 9 février. — t = + 32° — à 9 h. 50 du matin — Soleil.
— 18 — — t = + 38° — à 8 h. 40 » — »

Pays palustre, sur une langue de terre, large de 300 — 500 mètres, entre la mer et une lagune. Inondation annuelle des îles de la lagune : insalubrité accrue par l'île des esclaves, où les naturels jettent à l'air les cadavres des esclaves. Cette île est couverte de squelettes. — Cas de fièvre et de dysenterie contractée ailleurs, mais entretenue par le climat.

A Tiassalé, village situé en pleine forêt, à 200 mètres du fleuve Lahou, et à 10 mètres au plus au-dessus de son niveau, température très élevée, journées sèches ; mais à partir de 3 h. du matin grande humidité, ciel moutonné, souvent nuageux, de telle sorte que le soleil en l'espace d'une demi-heure, temps ordinaire pour une observation au théodolite — se cache plusieurs fois ce qui rend les observations difficiles.

Observations prises à l'est du village de Tiassalé

DATES	HEURES	TEMPÉRATURE	PRESSION barométrique	OBSERVATIONS
23 février 1891	4 h. 40 m. soir. 5 h. 5 m. »	t. = + 44° soleil. t. = + 39° ombre.	h. = 754.5.	Journée exceptionnellement chaude.
24 février —	8 h. 57 m. matin. 9 h. 24 m. » 12 h. » 5 h. 30 m. soir.	t. = + 31°. t. = + 34°. t. = + 34°. t. = + 35°.	h. = 758.8. h. = 758.1. h. = 755.6.	
25 février —	8 h. 50 m. matin. 12 h. 20 m. » 9 h. soir.	t. = + 31°. t. = + 33°.	h. = 759. h. = 757. h. = 756.9.	
26 février —	9 h. matin. 12 h. » 5 h. soir.	t. = + 26°. t. = + 33°. t. = + 33°.	h. = 757.6. h. = 756.5. h. = 755.8.	
27 février —	9 h. matin. 12 h. » 5 h. 45 m. soir.	t. = + 29°. t. = + 50° soleil. + 44° ombre. t. = + 35° soleil. + 29° ombre.	h. = 757.8. h. = 756. h. = 754.2.	Ciel nuagex le matin : soleil caché jusqu'à 8 h. : brouillard intense et grande humidité.

DATES	HEURES	TEMPÉRATURE	PRESSION barométrique	OBSERVATIONS
28 février 1891	8 h. matin.	t. = + 26° ombre.	h. = 756.	Brouillard intense le matin. Soleil caché jusqu'à 10 h. ½ environ. Ciel orageux. — Vers 7 h. ½ du soir quelques gouttes de pluie: éclairs tonnerre.
	1 h. soir.	t. = + 30° soleil. / 32° ombre.	h. = 754.8.	
	5 h. »	t. = + 38° soleil. / 32° ombre.	h. = 753.4.	
1 mars —	9 h. matin.	t. = + 29° ombre. Pas de soleil.	h. = 756.	
	1 h. soir.		h. = 756.	
2 mars —	6 h. 30 m. matin.	t. = + 24°.	h. = 755.4.	Brouillard. Chaleur accablante toute la journée — nuit très chaude, me permettant de coucher dehors presque nu sur mon lit de camp. — Le soir éclairs continuels.
	12 h. »	t. = + 51° soleil. / 29° ombre.	h. = 757.	
	5 h. soir.	t. = + 38° soleil. / 32° ombre.	h. = 754.1.	
3 mars —	7 h. 30 m. »	t. = + 20° 5 soleil. / 27° ombre.	h. = 756.4.	Soleil magnifique dès 7 h. ½ du matin, c'est la première fois que nous l'observons sitôt.
	1 h. »	t. = + 47° 5 soleil. / 33° ombre.	h. = 755.	
	5 h. 30 m. »	t. = + 35° soleil. / 35° ombre.	h. = 754.	
4 mars —	7 h. 30 m. matin.		h. = 754.	Ciel sombre, nuageux. Pas de soleil jusqu'à

DATES	HEURES	TEMPÉRATURE	PRESSION barométrique	OBSERVATIONS
4 mars 1891	8 h. 30 m. » 1 h. soir. 5 h. »	t. = + 28° t. = + 34° 5 soleil. + 33° ombre. t. = + 26° 5.	h. = 757.1. h. = 757.5. h. = 754.3.	9 h. Vent, annonçant la pluie. A 4 h. ½ vent subit et violent précurseur de la pluie, qui a menacé une bonne partie de la journée : vers 5 h. la pluie commence, et dure environ une demi-heure sans grande violence.
5 mars —	7 h. 30 m. matin. 12 h. » 4 h. 30 m. soir.	t. = + 26° 5. Pas de soleil. t. = + 36° soleil. + 33° ombre. t. = + 30° soleil. + 30° ombre.	h. = 757. h. = 757. h. = 756.	Ciel gris, triste, grande humidité. Orage, tonnerre, vent, pendant 1 h. ½, pas de pluie.
6 mars —	8 h. 30 m. matin. 12 h. »	t. = + 26° ombre.	h. = 759. h. = 758.	Nuit plus fraîche que d'habitude, humidité très grande le matin, et brouillard intense à peine dissipé à 9 h. Ciel uniformément gris, soleil caché. Vers 9 h. on commence à sentir sa chaleur — A midi, au soleil, un thermomètre placé sur un linge de soie sur un tronc d'arbre, atteignit vite pendant quelques instants + 60°, deux autres thermomètres, placés en plein soleil sur un pliant non échauffé préalablement oscilèrent entre + 41° et + 50° : mais à ce moment le soleil était fréquemment caché par les nuages.

DATÉS	HEURES	TEMPÉRATURE	PRESSION barométrique	OBSERVATIONS
6 mars 1891	5 h. soir.	t. = + 27° ombre. t. min. nuit = + 22°.	h. — 756.2	Menace de tornade comme les jours précédents Vent, quelques gouttes de pluie à deux reprises. Nuit fraîche, éclairs, tonnerre.
7 mars —	7 h. 30 m. matin. 12 h. » 4 h. 30 m. soir.	t. = + 24° ombre. t. = + 39° soleil. + 27° ombre. t. = + 30° 5 ombre. t. max. jour = + 46°. t. max. nuit = + 29°. t. min. nuit = + 21° 5.	h. = 757.8. h. = 757.9. h. = 755.5.	Ciel nuageux, gris ; pas de soleil. Le soleil ne se montre pas avant 11 h. Orage quotidien, éclate vers 6 h. avec grande violence : coups de tonnerre très forts. Pluie très abondante pendant 3 quarts d'heures. Ciel embrasé d'éclairs sans discontinuer. Vers 10 h. du soir, nouvel orage encore plus violent : même durée.
8 mars —	8 h. 30 m. matin. 1 h. soir. 5 h. 30 m. »	t. = + 30° soleil. + 29° ombre. t. = + 45° soleil. + 29° ombre. t. = + 34° ombre. t. max. nuit = + 31°. t. min. nuit = + 23°.	h. = 758.8. h. = 757.7. h. = 755.5.	Ciel orageux, éclairs.
9 mars —	8 h. matin.	t. = + 30° soleil. + 26° ombre.	h. = 759.	

DATES	HEURES	TEMPÉRATURE	PRESSION barométrique	OBSERVATIONS
9 mars 1891	12 h. » 5 h. 30 m. soir.	t. = + 43° 5 soleil. + 31° ombre. t. = + 35° soleil. + 31° ombre. t. max. nuit = + 30° 5. t. min. nuit = + 23° 5.	h. = 758.5. h. = 755.2.	Soleil chaud, mais vent frais pendant presque toute la journée.
10 mars —	9 h. matin. 1 h. 30 m. soir. 5 h. »	t. = + 31° 5 soleil. + 28° ombre. t. = + 43° soleil. + 31° 5 ombre t. = + 32° ombre. t. max. jour = + 43°. t. min. jour = + 31°. t. max. nuit = + 31°. t. min. nuit = + 23°.	h. = 759. h. = 757.5. h. = 756.5.	Ciel très chargé de nuages très noirs dès le matin.
11 mars —	7 h. mati...	t. = + 24° ombre. Pas de soleil. t. = + 37° soleil. + 29° ombre. t. = + 34° soleil. + 31° 5 ombre. t. max. jour = + 50°.	h. = 756.1. h. = 757. h. = 754.2.	Ciel gris, brouillard intense humidité considérable. Les arbres dégouttent comme après une pluie. Vent très frais.

DATES	HEURES	TEMPÉRATURE	PRESSION barométrique	OBSERVATIONS
11 mars 1891	5 h. soir.	t. max. nuit = + 28°. t. min. nuit = + 23°.		
12 mars —	8 h. matin.	t. = + 24° ombre. Pas de soleil.	h. = 757.	Brouillard et humidité comme la veille.
	12 h. "	t. = + 45° soleil. + 30° 5 ombre.	h. = 756.7.	
	5 h. soir.	t. = + 37° soleil. + 34° 5 ombre. t. max. jour = + 49° 5 t. min. jour = + 24°.	h. = 753.7.	

De retour à Grand-Lahou, j'ai observé :

DATES	HEURES	TEMPÉRATURE	PRESSION barométrique	OBSERVATIONS
18 mars —	8 h. matin.	Nuit du 17 au 18. t. max. nuit = + 31°. t. min. nuit = + 23°. t. = + 31° soleil. + 29° ombre.	h. = 760.	
	12 h. "	t. = + 42° 5 soleil. + 29° 5 ombre.	h. = 759.9.	

DATES	HEURES	TEMPÉRATURE	PRESSION barométrique	OBSERVATIONS
19 mars 1891	8 h. 30 m. matin.	t. = $+33°$ soleil. $+30°$ ombre.	h. = 760.1.	
	12 h. »	t. = $+42°$ soleil. $+30°$ ombre.	h. = 760.	
	5 h. soir.	t. = $+31°$ soleil. $+29°$ ombre.	h. = 759.8.	
20 mars —	8 h. 30 m. matin.	t. = $+29°$ ombre.	h. = 760.1.	
21 mars —	8 h. 30 m. »	t. = $+33°$ soleil. $+28°$ ombre.	h. = 760.1.	
	2 h. soir.	t. = $+41°$ soleil. $+29°$ ombre.	h. = 759.9.	
22 mars —	8 h. 30 m. matin.	t. = $+34°$ soleil. $+29°$ ombre.	h. = 760.	
	5 h. »	t. = $+30°$ soleil. $+30°$ ombre.	h. = 759.7.	

DATES	HEURES	TEMPÉRATURE	PRESSION barométrique	OBSERVATIONS

A Kraffy, sur la plage :

DATES	HEURES	TEMPÉRATURE	PRESSION barométrique	OBSERVATIONS
6 avril 1891	9 h. 30 m. matin.	t. = $+46°$ 5 soleil. $+32°$ ombre.	h. = 760.1.	
	12 h. 30 m. »	t. = $+44°$ soleil. $+33°$ ombre.	h. = 759.8.	
	5 h. soir.	t. = $+35°$ soleil. $+30°$ ombre	h. = 759.8.	
7 avril —	10 h. 30 m. matin.	t. = $+35°$ soleil. $+32°$ ombre.	h. = 760.2.	

Telles sont les observations un peu irrégulières, que j'a recueillies sur la côte de l'Afrique tropicale, le pays le plus chaud du globe, et qui est à mes yeux, comme je l'ai déjà dit, le type du pays malsain. La dysenterie, la fièvre jaune qui s'y acclimate merveilleusement, le paludisme, surtout sous la forme de bilieuse hématurique, — et sous la forme de rémittente gastrique bilieuse, dont je puis parler savamment, puisque j'en ai été atteint, l'hépatite, le Krow-Krow, maladie de peau, qui semble due à l'élémination d'une filaire microscopique, et qui m'a tourmenté durant trois semaines, tout, enfin s'unit pour barrer la route à l'Européen.

Ce que j'avance est le résultat de mon observation : mais c'est aussi l'avis de MM. A. Le Roy de Méricourt et Eugène Rochard, qui, dans le Tome I de l'*Encyclopédie d'hygiène et de médecine publique*, *1889*, *p. 212*, donnent les chiffres suivants.

Après avoir dit que le Sénégal est la plus malsaine de nos colonies, et que de 1819 à 1855, la mortalité moyenne parmi les Européens a été de 10 61 p. 100, ils ajoutent : » Les » établissements anglais situés dans les mêmes parages, sont » encore plus insalubres que les nôtres. D'après la statistique » d'E. Balfour, la mortalité annuelle des troupes Européenes, » s'élève souvent à 48 p. 100 à Sierra Leone (tout près de » Grand-Bassam) et à 66 p. 100 au cap Coast. En 1826, la » garnison de Bathurst a perdu 79 p. 100 de son effectif........ » La colonne expéditionnaire que nous envoyons chaque année » depuis 1880 du Sénégal jusqu'au Niger, revient épuisée par » les maladies, diminuée de plus d'un tiers de son effectif après » avoir enduré des souffrances sans nom. Les maladies aux- » quelles cette troupe est exposée sont les mêmes que celles qui » règnent à la Côte ; elles y sont aussi graves.

» Toutes les endémies des climats torrides s'observent à leur » plus haut degré de gravité dans l'Afrique tropicale. L'intoxi-

» cation paludéenne, s'y observe sous toutes ses formes.....
» Elle est particulièrement dangereuse sur la Côte occidentale,
» à l'embouchure des grands fleuves............... C'est dans
» les comptoirs d'Assinie et de Grand-Bassam, que la *fièvre*
» *hématurique* fait le plus de victimes. »

En voilà plus qu'il n'en faut, n'est-il pas vrai ? j'ai bien peur que le Dahomey, ne soit à placer dans la même catégorie. Peut-être finira-t-on par assainir le pays en y faisant des travaux qui coûteront de nombreuses vies humaines : peut-être l'homme finira-t-il par s'acclimater ; mais je crois que ce sera long, très long !!

Dr L.... TUVACHE.

TABLE DES CHAPITRES

VII

VIII

BAUGÉ (MAINE-ET-LOIRE) — IMPRIMERIE DALOUX

9 782013 658249